JN074887

世界一わかりやすい

SAPの教科書

●入門編●

とく【著】

秀和システム

● 使用バージョン

本書は、SAP S/4HANAならびにSAP ERP6.0(ECC6.0)をベースに解説を行っています。

はじめに

「SAPって難しい！ これ、全体を把握できる人いるの!?」
社会人1年目のときに私が思ったことです。

SAPは世界一のERPシステムで、世界中の大企業がSAPを使っています。しかし、世界中で使われているにも関わらず、みなさんはSAPを始めるにあたって、

- これから勉強を始める入門者向けの本がない
- SAP社のサイトを見てもSAPってよく分からない
- 実際の会社業務にどうやって使えばいいのか分からない

といった悩みを持ったことはないでしょうか？ SAPの情報が見つかっても、専門用語だらけで、実際の会社業務にどうやって使うのかイメージがわかないのが現状です。

私も新卒で就職したIT企業でSAP部隊に配属になったのですが、実際に何から学べばいいのか分かりませんでした。まわりの先輩や上司も、1つのモジュール（業務機能）については詳しいのですが、SAP全体を把握できている人はいませんでした。大手のSAPベンダーならともかく、私がいたようなSAPをやっている人が50人もいない会社では、SAPを体系的に学べる環境はほとんど整っていないでしょう。

実際に、日本国内のSAPパートナー企業115社のうち、SAPの認定資格取得者数が50名以上いる会社はたったの23社です（「パートナー別SAP認定コンサルタント資格取得数」より）。残りの92社に属する方やユーザー企業でSAP S/4HANAを扱う方は少なからず、私と同じような悩みを抱えた経験があるのではないでしょうか？

私はSAP歴10年で国内外のSAP導入プロジェクトや保守プロジェクトを経験してきました。そんな中で経験したことやノウハウを普段、私はブログやTwitterでSAPやプロジェクトのノウハウに関する情報として発信しています。そして、ブログやTwitterでSAPの情報を発信していると、1日に1回は個別で

問い合わせのメールやDMをいただきます。
それだけ、SAPのことで分からないことが多く、悩んでいる方がたくさんいらっしゃるということだと思います。

また、多くの会社で使われているSAP ECC6.0というバージョンのサポートが2027年で終了します。そのため、次のSAP S/4HANAへのバージョンアップ案件が直近2～3年で急増してきています。それによって、SAPコンサルやSAPエンジニアとして新しくSAPプロジェクトに参画する方も増えてきています。
そんな中、バージョンアップ案件が急増し、かつSAPを教えてくれる人がまわりにいない状況下で、新しくSAPを始める方が1日でも早く戦力になるために、どうやってSAPを勉強すればいいのかと悩んでいることは想像に難くありません。
実際に私の職場でも、SAPに初めてふれる中途採用や新卒採用の方が入社されてくるのですが、必ず1回は心が折れる姿を見てきています。
そんなとき、ふと私は思ったのです。「もっと取っつきやすく、誰でもSAPのことを簡単に理解できる本はないものか？」と。

そこで、私はSAPが難しいと感じる方のために、誰にでも取っつきやすく、分かりやすいSAPの入門書を書くことにしました。
本書では「SAPってどういうシステムなの？」「実際の会社業務にどうやって使うの？」ということを、「もしも宅配ピザ屋にSAPを導入したら」という多くの人が業務をイメージしやすい例を使って、SAPについて解説していきます。

SAPを理解するには、3つの知識が必要です。

❶会社業務の知識
❷SAPの知識
❸ITの知識

これまでSAPを扱ったことがない入門者にとって、特に❶の「会社業務の知識」と❷の「SAPの知識」は重要なのですが、いまいちイメージしづらいものです。そのため、本書では「SAPを会社業務にどうやって使っていくのか」といった点に重点を置いて解説しています。
これまで、SAPのことについて、いろんな本を読んできたり、まわりの方に聞いてきたりして、「じゃあ実際にどうやって業務で使っていくの？」という疑問を抱えた人にとって、分かりやすい本になっています。

私はSAP全体を理解するのに10年かかりました。でも振り返ってみると、「意外に簡単だな」というのが私の感想です。

本書では、私が10年間でつまずいてきた箇所を、SAPの入門者の方にも分かるように、ゴリゴリにかみ砕いて解説しています。この本を読み終わるころには、会社業務の全体像を捉えられ、業務とSAPのつながりが腹落ちするはずです。

SAPコンサルやSAPエンジニアの方は、大きくスキルアップする土台ができ、仕事がどんどん楽しくなります。SAPユーザーの方は、会社の業務全体や経営のことが理解でき、1つ～2つ上の役職の視点で仕事ができ、まわりの仕事仲間から信頼が厚くなります。

私のように、SAPを理解するのに10年もの時間をかけるのはもったいないです。

本書を入門者はもちろん、SAPに関わる人に手にも取っていただき、SAPや会社業務について理解を深めていただけたら幸いです。

とく

第1章 SAPってなに？

第2章 会社の業務を知ろう！

第3章 SAPモジュールってなに？

第4章
材料の仕入れとモノの管理をしよう ── MM(調達・在庫管理)

第5章
ピザを作ろう ── PP(生産計画・管理)

第6章
ピザの注文受付とピザの配達をしよう ── SD(販売管理)

第7章
店舗のお金を管理しよう —— FI（財務会計）

第8章
店舗の経営状況を分析しよう ― CO（管理会計）

第9章
モジュール間の業務のつながり

第10章 SAP導入のポイント

第11章 SAP導入プロジェクト

第12章
SAPのこれからの展望

第1章 SAPってなに？

SAPがどういうシステムなのか、どのように会社業務に使っていくのかをお話する前に、まずはSAP ってなんなのかを少しお話します。

最初は少し固い話になりますが、SAPを知る上で欠かせない話なので、ぜひ目を通してみてください。

1-1 SAPとは

SAPは世界一のERPシステム

SAP(エスエーピー)は、ドイツのSAP社が開発・販売している企業向けの業務システムです。

有名なのが、SAP S/4HANA(エス フォーハナ)と呼ばれる、**ERP**(Enterprise Resource Planning)**システム**です。

ERPシステムとは、会社の**基幹業務**を担うシステムで、基幹業務とは経理や販売、調達、生産、物流、人事など、会社になくてはならない「中心的な業務」のことです。

SAP社は、ERPシステムを世界中の大企業向けに提供しており、2019年時点で世界190ヵ国の約440,000社がSAPを導入しており、フォーブス誌が毎年発表する世界のトップ企業ランキング「フォーブス・グローバル2000」にランクインする約92%の企業がSAP社の顧客です。また、日本国内でも3,000社以上の企業がSAPを導入していると推測され、ERP市場では世界ナンバー1の企業です。

SAPは、ERPシステムで有名になった企業ですが、近年ではCRM(Customer Relationship Management:顧客関係管理)、SRM(Supplier Relationship Management:調達・購買管理)、経費管理、人材管理など、ERPの周辺システムとなる領域にも力を入れており、会社業務を総合的にサポートするようなサービス展開をしています。

ERP以外の周辺システムについては、第12章の「SAPのこれからの展望」でお話します。

1-2 SAP ERPが世界中で使われている理由

汎用性の高いSAP ERP

では、なぜこれほどまでにSAP ERPは、世界中の企業で使われているのでしょうか？　その理由として、次の３つがあります。

❶どのような業種の会社業務にもマッチできる仕組み
❷グローバルスタンダードシステム
❸広範囲の業務をカバー

理由① どのような業種の会社業務にもマッチできる仕組み

SAPが世界中の多くの企業で使われている一番大きな理由が、**どのような業種の会社業務にもマッチできる仕組み**があるためです。

業種が異なれば、業務も変わります。例えば、アパレルメーカーと化学メーカーでは、販売する相手が一般人なのか会社なのかが異なり、販売方法も異なれば、流通方法も異なります。

SAPは、この業種間の業務の差異を「カスタマイズ」という機能を使って、業種に合わせたシステムとしてセッティングができるようにしました。さらに、カスタマイズ機能を使って、それぞれの企業固有の業務にフィットするシステムにすることもできます。

また、SAP社のホームページには、エネルギー・天然資源、サービス業界、消費財業界、ディスクリート（個別半導体）産業、金融サービス、公共サービスの6つの業種別ポートフォリオがあります。それぞれの業種にマッチするようにSAP ERPを導入できること、そして実績があることを意味しています。

図1 多業種・多企業にマッチ

理由② グローバルスタンダードシステム

2つ目の理由は、**グローバルスタンダードシステム**であるということです。

グローバルスタンダードシステムであるSAPは、世界標準の業務に合わせた作りをしています。特にSAPが使われるような大企業は日本だけではなく、海外にも支社や工場を持っています。そのため、海外展開している会社がSAPを使うことにより、どこの国・地域でもSAPをベースに業務を標準化し、統一することができます。

業務をSAP標準に統一することのメリットは2つあります。

1つ目は、海外展開の際の運用コストやトレーニングコストを下げることができ、日本本社のメンバーとも意思疎通が取れやすいことにあります。

また、2000年代に入って、グローバル化の重要性がより高まってきており、企業は「自社+海外現地法人」も含めたデータを統合的に分析し、スピーディーな経営判断が求められるようになってきました。

これまでは、それぞれの現地法人ごとに自分たちに合うシステムを使うことが多く、そのため、データの粒度が異なり、正確な分析ができませんでした。しかし、SAPの標準業務に統一することにより、データの粒度も各国・各地域で揃えることができるため、グローバルで分析したいデータが整えられている状態が作れます。それによって高度な分析からスピーディーな経営判断につなげられるようになります。

2つ目は、将来的にデジタル領域の拡張がしやすくなることです。SAPに機能を追加して業務を変えなかった場合、バージョンアップの都度、追加した機能がバージョンアップ後も動くかを検証する必要がありました。

しかし、SAP標準機能を使えば、常に最新バージョンのSAPを使うことができ、それだけ最新のデジタルシステムとの連携も容易になります。これまでは現場の業務にシステムを合わせていたため、つぎはぎだらけのシステムを使っていた会社が多く、デジタル領域の拡張になかなか対応できませんでしたが、SAPのグローバルスタンダードに業務を統一することにより、常に最先端の技術を享受できるメリットがあります。

図2 グローバルスタンダード

理由③ 広範囲の業務をカバー

SAP ERPは、経理や販売、調達、生産、物流、人事など、**広範囲の会社業務をカバー**しています。そのため、1つの基幹システムに会社業務のデータを統合することができます。

システムを1つに統合するメリットは、データ間の関連をリアルタイムで把握できることです。これまでは、業務ごとに使いやすいシステムをそれぞれ使っていたため、データを統合して分析したいときに、システム間でデータのやり取りをする必要がありました。システム間のデータのやり取りが発生すると、データ連携するための時間が必要であるため、業務領域ごとにシステムが分かれている場合はリアルタイムにデータを見ることができませんでした。

例えば、「販売実績と原価の相関を見たい」「物流と在庫の情報を合わせて見たい」といったときも、それぞれのシステムのデータを別のシステムやExcelに統合させる必要がありました。

SAPでは、1つにシステムで会社全体の業務をカバーしているため、リアルタイムに関連し合う業務データを統合的に見ることができるようになり、瞬時にデータ分析ができるようになります。

これからの会社経営には、ビッグデータ分析が必要不可欠です。会社データを多角的に分析し、スピーディーな経営判断が求められます。SAPを導入すると、広範囲の会社業務を１システムでカバーでき、データを統合できるので、ビッグデータ分析の土台ができ上がります。リアルタイムかつ広範囲の会社業務データが一目で見られるようになるのは、SAP導入の大きなメリットです。

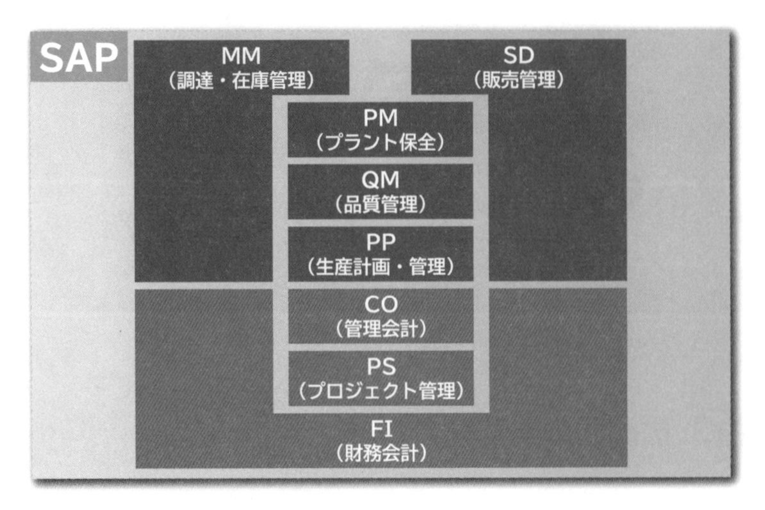

図3 広範囲の業務をカバー

1-3 SAPを理解するために必要な3つの知識

SAP 3大知識

SAPを理解するためには、次の3つの知識が必要です。

❶会社業務の知識
❷SAPの知識
❸ITの知識

必要な知識① 会社業務の知識

SAPは、グローバルスタンダードなERPシステムです。そのため、SAP導入プロジェクトはSAPに業務を合わせるための**業務改革**(Business Process Re-engineering：**BPR**)プロジェクトでもあります。

それゆえ、業務改革を提案するためには、**会社業務**について詳しく知っておく必要があります。

会社業務は、みなさんのクライアントの業務ではなく、「世間一般的な顧客業務(あるべきの業務の姿)」のことです。特に日本企業は、カイゼン活動により、それぞれの会社ごとに、企業固有の業務になっていることが珍しくありません。そのため、SAP(グローバルスタンダード)と会社固有の業務にGapがあり、この差を埋めるためには「**To-Be**(あるべき姿)の業務」を知っておく必要があります。

会社業務には、会計や調達、生産、販売、物流などがあります。「そんな幅広い知識をつけられない！」というのが、SAPに関わったことのある人の本音だと思います。

でも大丈夫です！　本書では、みなさんがイメージしやすい宅配ピザ屋を例に、会社業務とSAPの関係について、この後に詳しくお話していきます。

必要な知識② SAPの知識

SAPを理解するには、もちろんSAPの知識が必要です。SAPの知識とは何かというと**SAPの標準機能**のことです。

SAPは**ERPパッケージシステム**なので、パッケージとして標準で機能が備わっています。そのため、お客様の業務がSAPの標準機能で実現できるか、はたまた機能追加のために個別で開発しなければいけないのかを判断する必要があります。

SAPは世界一のERPと言われるだけあって、数多くの便利機能が標準で備わっています。しかし、これらの便利な機能も知らなければ、追加で開発をしましょう、という残念な提案しかできません。

また、SAPプロジェクトではお客様にSAPの使い方をトレーニングする必要があります。お客様にとって、みなさんはSAPの先生です。SAPの先生に「SAPってどうやって動かすの？」と聞いても、回答がしどろもどろになっていたら信頼されませんよね。

SAPの知識は、

- お客様の業務をSAPの標準機能で実行できるかを判別するため
- ユーザートレーニングをするため

に必要なのです。

SAPの知識をつけるには、SAPの実機を多く触り、多種多様なプロジェクトに参画することが一番です。自動車の運転と同じで、机上で勉強するよりも、自動車に乗って路上を走りながら覚えるのが一番です。多種多様な道路・天候で自動車を運転することにより、自動車に標準で備わっている機能を自然と使えるようになります。

SAPも自動車運転と同様で、SAPの知識をつけるには、実践が一番効果的なのです。

必要な知識③ ITの知識

3つ目が**ITの知識**です。ITの知識には、どういうものがあるかというと、

- プログラミング
- データベース
- ネットワーク
- ハードウェア

などなど、ITに必要な知識はアプリからインフラまで、多岐にわたります。

SAPコンサルやSAPエンジニアにとって、会社業務やSAPの知識は絶対に身につけないと仕事にならないという意識がある人は多いですが、実はこのITの知識が一番ないがしろにされがちな知識です。

なぜ、ITの知識が必要なのか。具体的には、次のようなケースでITの知識が必要とされます。

- トラブルシューティングをするために、どういうロジックで、この機能が動いているのか確認する(プログラミングの知識)
- パフォーマンスが悪いが、どこがボトルネックになっているのか判別する(プログラミング、データベース、ハードウェアの知識)
- SAPと周辺システムのデータ連携をしたいが、どのようにインターフェースを設けるか検討する(プログラミング、ネットワーク、ハードウェアの知識)
- バックアップやメンテナンスのために、どれくらいのシステム停止時間が許容できるか検討する(データベース、ハードウェアの知識)

SAPは、ITシステムです。そのため、ITの知識がなければ、ロジックがバラバラな要件定義になったり、インフラを無視した無茶な設計になったりします。

SAPコンサルやSAPエンジニアにとって、会社業務やSAPの知識が最優先になりがちですが、ITシステムを導入するプロジェクトを進めていくためには、最低限のITの知識は必要不可欠です。

それでは次の章から、SAPの解説に加え、みなさんがイメージしやすいように会社業務を街の宅配ピザ屋の仕事に置き換えて、「SAP＋会社業務」の話をしていきます。

SAPのコンセプトを理解するとともに、どのような会社業務で使われるのかも意識しながら読み進めてみてください。

①会社業務の知識

✓会計、原価、調達、生産、販売などの業務知識
✓業界のあるべき業務姿の知識

②SAP の知識

✓オペレーションの知識
✓コンフィグの知識
✓アドオンの知識

③IT の知識

✓プログラミング、データベース、ネットワーク、ハードウェアの知識
✓IT アーキテクチャの知識

図4 SAPコンサル、SAPエンジニアに必要な知識

Column SAPコンサルあるある

1. 月末月初は、気が休まらない。
2. SAP GUIがイケてないと思ってない。
3. SAP認定資格の勉強は、過去問に頼りがち。
4. 「サップ」と言わず、かたくなに「エスエーピー」と言う。
5. 自分の担当と別のモジュールは、別世界と思いがち。
6. マネージャ以上は、かたくなにSAP GUIをインストールしたがらない。
7. でも、いざというときは、SAP GUIをインストールして全部自分で調べがち
8. 業務コンサル寄り、ITコンサル寄りに分かれがち(両方できる人は神)。
9. プロジェクト終えるたびに、SAPをもうやりたくないといつも思うが、結局、次のプロジェクトもSAP。
10. 1モジュールを知ってる人は普通、2モジュールを知ってる人は偉人、3モジュール以上を知ってる人は神。

第2章

会社の業務を知ろう！

SAPを理解するために、まずは会社の業務について知っていきましょう。

会社の業務といってもイメージしにくい人も多いと思うので、本書では、街の宅配ピザ屋を例に話を進めていきます。

ここでは、「宅配ピザ屋＝会社」だと思ってください。この章では、ざっくりと「会社の業務ってこんなのがあるんだ」くらいに知ってもらえればOKです！　詳細は、第4章以降の各モジュールのところでお話します。

それでは、宅配ピザ屋をイメージしながら、読み進めていきましょう！

2-1 宅配ピザ屋の設定

設定

宅配ピザ屋の設定は、次の通りです。

- 会社の名前：アルゴピザ
- 日本本社のロケーション：東京丸の内
- ピザ屋の店舗：全国展開
- 業務形態：宅配ピザ
- 注文方法：電話、インターネット、店頭

また、今回の舞台となるアルゴピザの東京調布店で働いている人たちとその業務担当は、次の通りです。

- 店長：お金まわりの管理
- 副店長：コスト分析
- Aくん：材料の仕入れ担当
- Bくん：ピザ作り職人
- Cさん：受付担当
- Dくん：配達担当

そして、SAPをアルゴピザに導入し、東京調布店のメンバーにSAPを使って業務をしてもらうこととします。

アルゴピザの本社と東京調布店、そして東京調布店の各メンバーの機能配置は、次の図のようになっています。

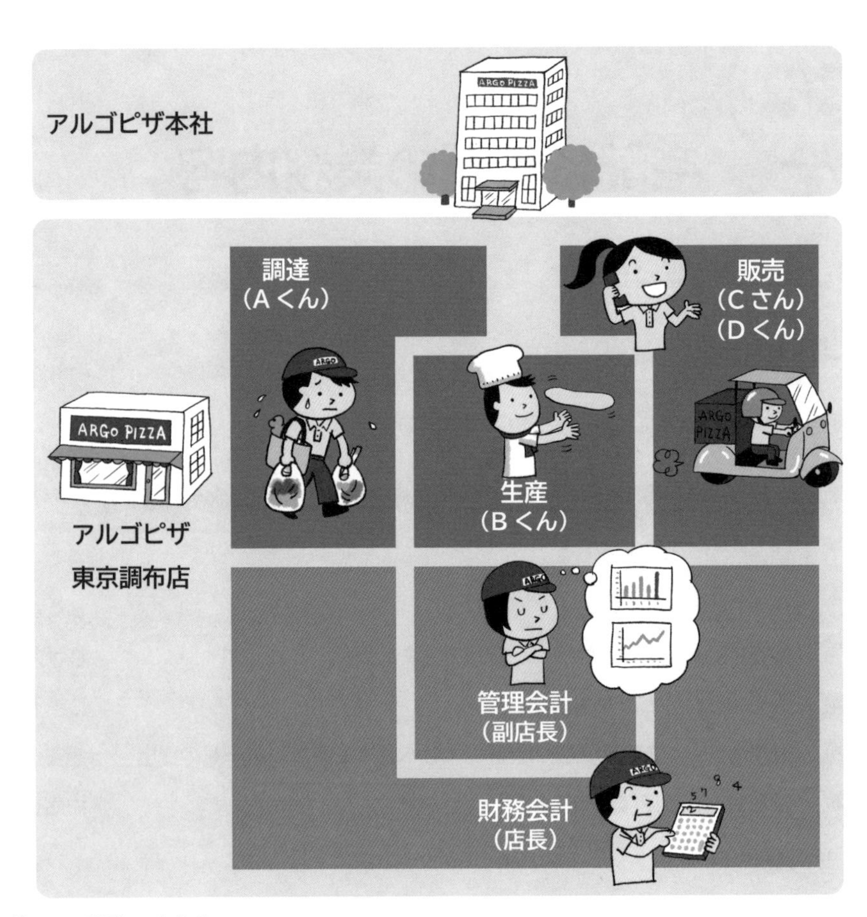
アルゴピザ本社
ARGO PIZZA
調達
（Aくん）
販売
（Cさん）
（Dくん）
ARGO
ARGO PIZZA
アルゴピザ
東京調布店
生産
（Bくん）
ARGO
PIZZA
管理会計
（副店長）
財務会計
（店長）

図1 業務の全体像

2-2 宅配ピザ屋の業務内容

業務内容

宅配ピザ屋の業務には、主に次の6つがあります。

No.	業務	内容	担当
①	調達	材料の仕入れ	Aくん
②	生産	生地作り、ピザ作り	Bくん
③	販売(受付)	電話、ネット、店頭で注文の受付	Cさん
④	販売(配達)	ピザをお客様に配達	Dくん
⑤	財務会計	お店のお金の計算、本社へ月次で会計レポートの提出	店長
⑥	管理会計	店舗のコスト分析	副店長

表1 業務内容

Column SAPとスポーツ

2014年、FIFAワールドカップで優勝したドイツチームの煙の陰の立役者として、SAP社がいたことをご存じでしょうか？　SAPはERPで有名な企業ですが、FIFAワールドカップではフィールド上にいる22人のボールの動きやスピード、選手の体の向きなどからビッグデータ分析し、ITの観点からの戦術立案に貢献したと言われています。

また、SAP社はスポーツチームへのスポンサーにも力を入れており、サッカーのみならず、MLB(野球)やNBA(バスケットボール)、最近ではeスポーツチームのスポンサーもしています。これからテレビでスポーツを観るときは、SAPのロゴがどこかにないか探してみるのも面白いかもしれません。

2-3 宅配ピザ屋の業務の流れ

業務の種類

宅配ピザ屋の業務は、大きく2つに分かれます。

- ピザの販売
- お金の管理

ピザの販売

ピザを販売するには、ピザの材料を揃えるところから始まります。
まず、Aくんがピザ作りに必要な材料を仕入れます。材料がないと、ピザが作れませんからね。
ピザを作り始めるには、お客様からの注文が必要です。注文はCさんが店頭や電話、インターネットから受付けます。
そして、注文が入ったタイミングで、Bくんがピザ作りを始めます。ピザは出来たて熱々がおいしいので、Cさんが注文を受けてから作り始めます。
さらに、ピザができると、Dくんがお客様のところへ配達します。お店から最短ルートを通って、かつ安全運転でお届けします。
ピザ作りには、次の4つの業務が連動していることが分かりましたね。

1. 材料の仕入れ(調達)
2. ピザの注文受付(受注)
3. ピザ作り(生産)
4. ピザ配達(出荷)

図2 ピザ販売の業務フロー

ピザ作りで例えましたが、メーカーであれば、どこの企業も同じような流れの業務です。例えば、自動車メーカーであれば、このような業務の流れになります。

1 ドアやタイヤ、エンジンなどの仕入れ(調達)
2 お客様から店頭でオーダーを受付(受注)
3 自動車の組み立て(生産)
4 納車(出荷)

メーカーであれば、製品を作る業務の流れは、ほとんど同じであることが分かります。使う材料・受注の方法・製造方法・お届け方法が違うだけで、業務の流れはほとんど同じです。

ちなみに「ほとんど同じ」と言っているのには、理由があります。

メーカーの業務形態によっては、業務を実施する順番が異なります。例えば、コンビニのパンであれば、このような業務の順番になります。

1 小麦粉や牛乳などの仕入れ(調達)
2 工場でパン作り(生産)
3 コンビニ店頭でレジ打ち(受注)
4 商品お渡し(出荷)

同じメーカーでも作るものによって、業務形態によって、調達・生産・受注の順番が違うのが分かります。

どの業務を先にやるかは、業務形態によって異なります。しかし、順番が異なるだけで、業務でやること自体は同じで、業務同士つながりがあることが分かります。

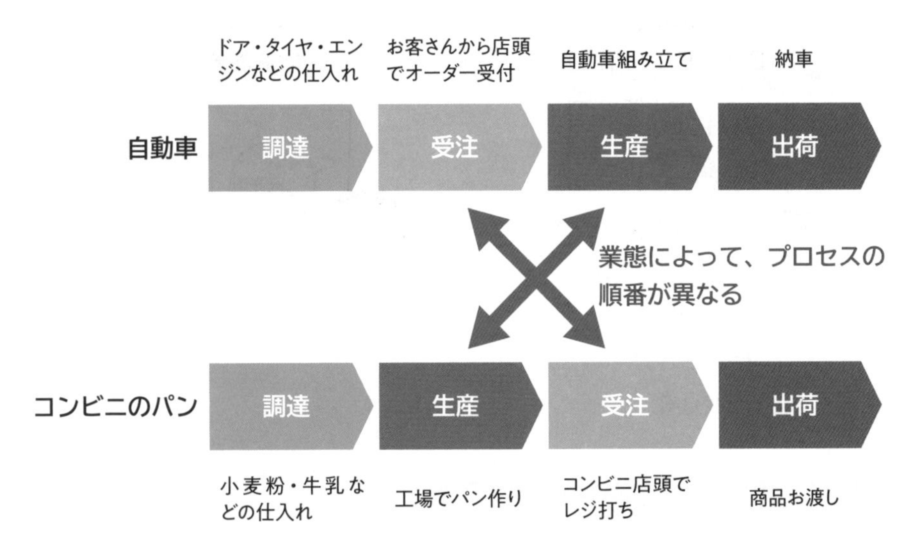

図3 受注生産と見込生産の業務フローの違い

会社の業態によって、調達、受注、生産、出荷の順番が異なることがありますが、基本的には、この４つの業務にはつながりがあります。

本書では、宅配ピザ屋を例に話を進めていきますが、読み進めていく上で「自分の会社だったら、こういう業務のつながりかな」というのを意識してもらうと、理解がより一層深まるかと思います。

お金の管理

続いて、お金の管理業務です。

ピザ屋と言えば、ピザ作りに注目しがちですが、お店のお金の管理も大事な業務です。お金の管理には、２種類あります。

- 社外向けお金の管理(財務会計)
- 社内向けお金の管理(管理会計)

財務会計

【社外向けのレポート】
財務諸表
(B/S、P/L、C/S)

管理会計

【社内向けのレポート】
原価分析
収益性分析

図4 会計業務の目的

社外向けお金の管理(財務会計)

お金の管理をして、社外向けにレポートを出す業務を**財務会計**と言います。

みなさん、B/S、P/L、C/Sって聞いたことありますか？　簿記を勉強したことある人なら、聞いたことがあるかと思います(簿記を勉強したことない人でも、こんなレポートでお金の管理をしているんだ、くらいに思ってもらえれば大丈夫です)。

それぞれの英訳・日本語訳は、次の通りです。

- B/S(Balance Sheet)：貸借対照表
- P/L(Profit&Loss Statement)：損益計算書
- C/S(Cash flow Statement)：キャッシュフロー計算書

B/S(貸借対照表)は、財務状況がどうなのかを見るレポートです。会社にいくら資産があるのか、いくら負債があるのか、純資産がいくらあるのかなど、現時点の会社の財務状況を見ます。

負債・純資産の比率で、負債の割合が高ければ、資金繰りが厳しいのかな、といった会社の状況を見ることができます。

P/L(損益計算書)は、この1年間(もしくはこの四半期間)で、どれだけ売上を上げたか、どれだけ利益を出したかを見るレポートです。特徴は期間が定められていることです。いわば、成績表みたいなものです。

例えば、今期のP/L(成績表)はコロナの影響で悪かったものの、B/S(財務状況)はまだまだ大丈夫な状態ですよ、という見方をします。

C/S(キャッシュフロー計算書)は、現金の流れを把握するレポートです。

B/Sでは、買掛金や売掛金などで収支を把握していますが、実際に現金としていつお金が出ていって、いつ入ってくるかは分かりません。C/Sでは、「今」手元にいくらお金があるのかを把握することができます。

売掛金(ツケ)があって、将来的に現金が入ってくる予定があるとはいえ、現金がなければ材料の仕入れやスタッフの給料を払うことができません。つまり、現金がないと会社の経営ができないということです。

B/S、P/Lを見るだけでは、会社の正確な経営状況はわかりませんが、C/Sも合わせて見ることで会社のお金の状況を正確に把握することができます。

前置きが長くなりましたが、アルゴピザ東京調布店の店長は、本社にお店の財務状況を定期的に報告する必要があります。そのため、財務会計では、調達でいくらお金を使ったのか、販売でいくらお金が入ってきたのかなどなど、お金の流れを把握し、B/S、P/L、C/Sのレポートにまとめる必要があります。

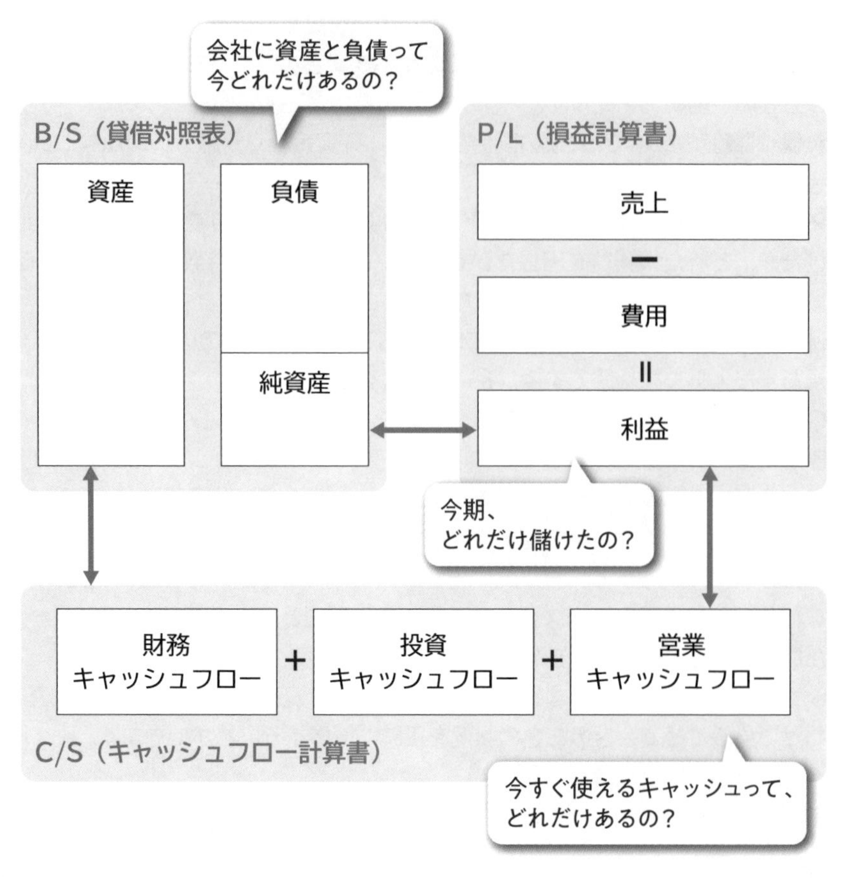

図5 B/S、P/L、C/Sのつながり

社内向けお金の管理（管理会計）

管理会計は、社内向けのお金の管理業務です。

管理会計では、特に「原価管理」が業務の軸になります。管理会計では、ピザ1枚を作るのにお金がいくらかかったのか、どのピザを作るのが売上から見て収益性が良いのか、といったことを分析します。

管理会計は基本的に社内向けのため、なくてもいいのですが、でもあった方が会社のコスト分析ができて、改善に活かせるといった役割の業務です。

ピザを１枚作るのにかかったお金や、どのピザの収益性が良いかなんて、正直なところ社外の人からすると、どうでもいい話ですよね。しかし、アルゴピザ東京調布店からすると、このような社内向けの費用分析をすることで、お店の収益改善に活用できます。

管理会計では、次の業務があります。

- 間接費管理
- 製造原価管理
- 収益性分析

間接費管理では、家賃や水道光熱費、人件費など、ピザを作るのに直接は関係のない、間接的な費用の管理をします。

製造原価管理では、ピザを作るのにかかる費用を計算します。ピザの種類ごとに、材料費と加工費を足し合わせて、ピザの製造原価を計算します。

収益性分析では、売上と費用(原価)がいくらだったのかを分析します。ピザの種類ごと、宅配する地域ごと、天候ごとなど、さまざまな視点から分析することで、アルゴピザ東京調布店の収益をアップさせるための経営戦略に役立てます。

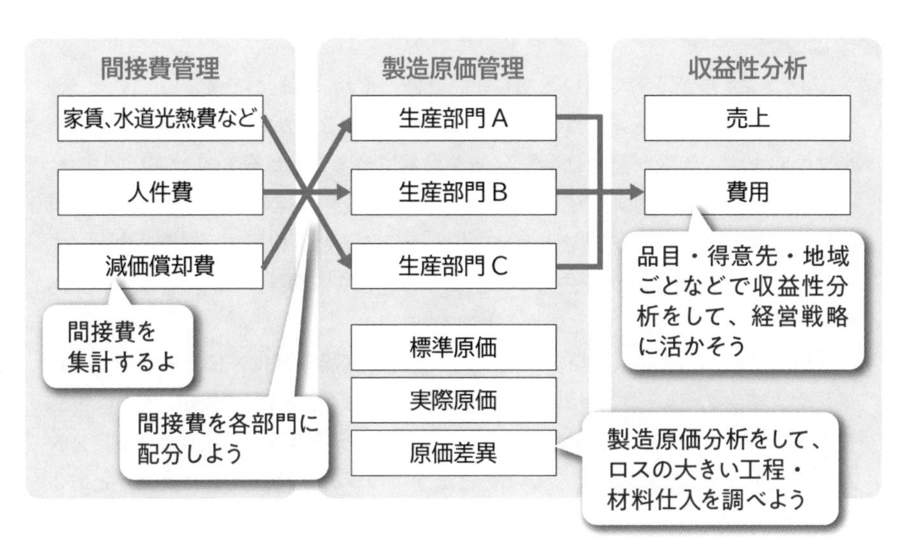

図6 管理会計業務の流れ

Column SAPコンサルが取るべき資格

SAPコンサルが取っておいて損しない資格。それは「簿記」です。

ERPでは、ヒト・モノ・カネを管理します。この3つが動くと必ず「会計仕訳」が発生します。カネが動けば会計仕訳が登録されることは分かりやすいですが、ヒトを採用したり、働いたりすると、採用費/現金や、給与/現金といった会計仕訳が発生します。モノができたり、使ったりすると、材料/材料費や製品/生産高といった会計仕訳が発生します。つまり、SAPで実行する業務のすべてが会計仕訳につながっていくということです。

会計系のFIコンサル、COコンサルはもちろん直接業務に役に立ちますが、ロジ系や人事系のSAPコンサルも簿記を勉強しておくことは、業務に大いに役立ちます。SAP ERPの一番のメリットは、すべてのデータが1つのプラットフォームでリアルタイムに連携されていることです。ロジの業務、人事の業務がどのような会計仕訳につながり、会社としてどのようなインパクトを与えるのかを俯瞰的に捉えることは、SAPコンサルとして求められる素養の1つです。

SAPコンサルとしてキャリアアップをするために、最低限の会計仕訳や会計の仕組みを理解できるという点で、簿記は最適な資格です。

第3章

SAPモジュールってなに？

SAPモジュールとは、SAPの機能をざっくりとまとめた単位のことです。SAPのモジュールを意識することによって、SAP全体の構造やそれぞれの機能のつながりが分かりやすくなります。この章では、SAPにどのようなモジュール（業務領域）があるのかを理解しましょう。

3-1 SAPモジュール一覧

SAPモジュールの業務分類

会社の基幹システムであるSAPは、**モジュール**と呼ばれる業務領域ごとの機能群に分かれます。

SAPモジュールは、次のような業務分類ごとに分かれています。

モジュール名	略称	英語名
財務会計	FI	FInancial accounting
管理会計	CO	COntrolling
販売管理	SD	Sales and Distribution
調達・在庫管理	MM	Material Management
生産計画・管理	PP	Production Planning and control
品質管理	QM	Quality Management
プロジェクト管理	PS	Project System
プラント保全	PM	Plant Maintenance
人事管理	HR	Human Resources
ベーシス	Basis	Basis

表1 SAPモジュール一覧

SAPでは、モジュールを英語２文字の略称で呼ぶことが一般的です。最初は覚えにくいかもしれませんが、徐々に慣れていきましょう。

多くの企業でよく使われるのは、表の上から５つのFI(財務会計)、CO(管理会計)、SD(販売管理)、MM(調達・在庫管理)、PP(生産計画・管理)です。SD、MM、PPを**ロジ系**、FI、COを**会計系**と呼びます。

関連し合うモジュールを並べると、次のようになります。

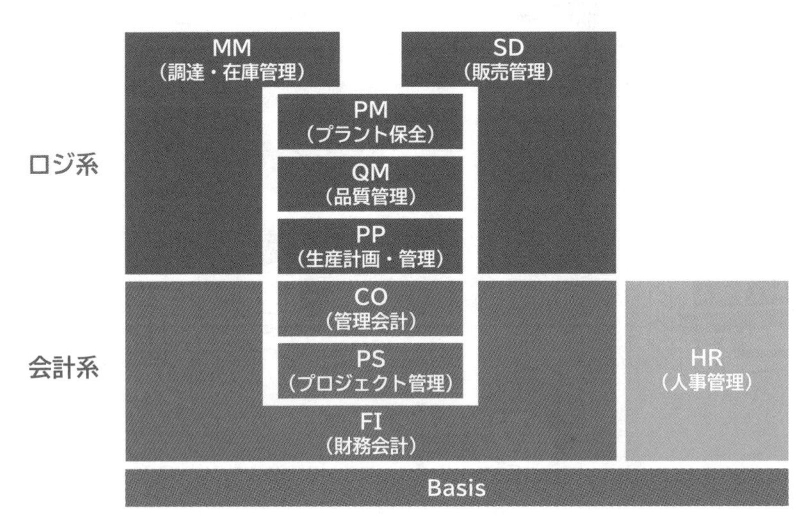

図1 モジュール関連図

ロジ系は、MM、PP、SDを中心に、QM(品質管理)やPM(プラント保全)といったモジュールがあります。会計系は、FI、CO、そしてPS(プロジェクト管理)があります。

また、個別にHR(人事管理)があり、SAPの土台となるインフラ・ミドルウェアを担当するのが、Basis(ベーシス)になります。

基本的に会社もSAPモジュールと同じ区切りで、部署や業務が分かれていることが多いです。また、SAPコンサルやSAPエンジニアは、これらのモジュールのどれか1つを専門としてキャリアをスタートさせます。

SAPモジュールを宅配ピザ屋の業務に当てはめると、次のようになります。

図2 SAPモジュールと宅配ピザ屋の業務マッピング

No.	業務	内容	担当	SAP モジュール
①	調達	材料の仕入れ	Aくん	MM
②	生産	生地作り、ピザ作り	Bくん	PP
③	販売(受付)	電話、ネット、店頭で注文の受付	Cさん	SD
④	販売(配達)	ピザをお客様に配達	Dくん	SD
⑤	財務会計	お店のお金の計算、本社へ月次で会計レポートの提出	店長	FI
⑥	管理会計	店舗のコスト分析	副店長	CO

表2 宅配ピザ屋の業務担当・業務内容とSAPモジュールの関連

本書の読み進め方

それでは、次の章からモジュールごとの特徴を宅配ピザ屋の業務を例にお話ししていきます。第４章～第８章のモジュールごとの解説では、

❶どのようなSAPと業務のつながりがあるのか？
❷どのようなSAPの組織設定をするのか？
❸どのようなSAPのマスタデータを使うのか？

の３部構成でお話していきます。

❶の「SAPと業務のつながり」は、宅配ピザ屋を例に、どのような業務があり、業務ごとにどのようにSAPを使っていくのかをお話しします。

❷の「SAPの組織設定」では、各モジュールでどのような組織設定があるのか、それぞれどのようなコンセプトで設定をしておくのかについてお話ししていきます。

SAPの組織には、会社コードやプラント、購買グループといった組織情報を設定していきます。例えば、アルゴピザをSAPの会社コードに、東京調布店をSAPのプラントに、材料の発注する部署を購買グループに、といった具合にSAPでは組織設定が必要です。

組織は、マスタデータ登録やトランザクションデータ登録の制御項目であったり、権限制御やレポートの分析軸であったりします。組織設定は、SAPを動かすための土台となるため、組織設定の理解は重要なポイントになります。

❸の「SAPのマスタデータ」では、各モジュールでどのようなマスタデータがあるのか、それぞれどのようなコンセプトで設定をしておくのかについてお話ししていきます。

マスタとは、普段の業務で購買発注、受注伝票、会計伝票といったデータを登録するときに使う「あらかじめ登録しておいたデータリスト」みたいなものです。

例えば、受注伝票を登録するには、お客様のリストである「BPマスタ(得意先マスタ)」、ピザなどの商品となる「品目マスタ」といったマスタデータがあります。マスタデータがなければ、購買発注、受注伝票、会計伝票といった業務データの登録ができません。そのため、各モジュールでSAPを使うために、マスタデータの理解も重要なポイントになります。

さらに、各モジュールの話が終わった後、第9章で「関連し合うモジュール間の業務のつながり」についてお話していきます。

例えば、MM(調達・在庫管理)では、MMモジュールに隣り合うモジュール(PP、SD、FI、CO)と、どのような業務上の関係があるのかについて、お話ししていきます。

SAPはシステムの機能を業務ごとに分けて管理するために、モジュールという形で分けていますが、実際の会社業務では、**業務間のつながり**があります。この業務間のつながり(モジュール間のつながり)を理解することで、会社全体の業務の流れを理解することができます。そのため、この第9章の「モジュール間の業務のつながり」は、本書で一番読んでいただきたい重要な箇所になります。

では、それぞれのモジュールのお話からしていきましょう!

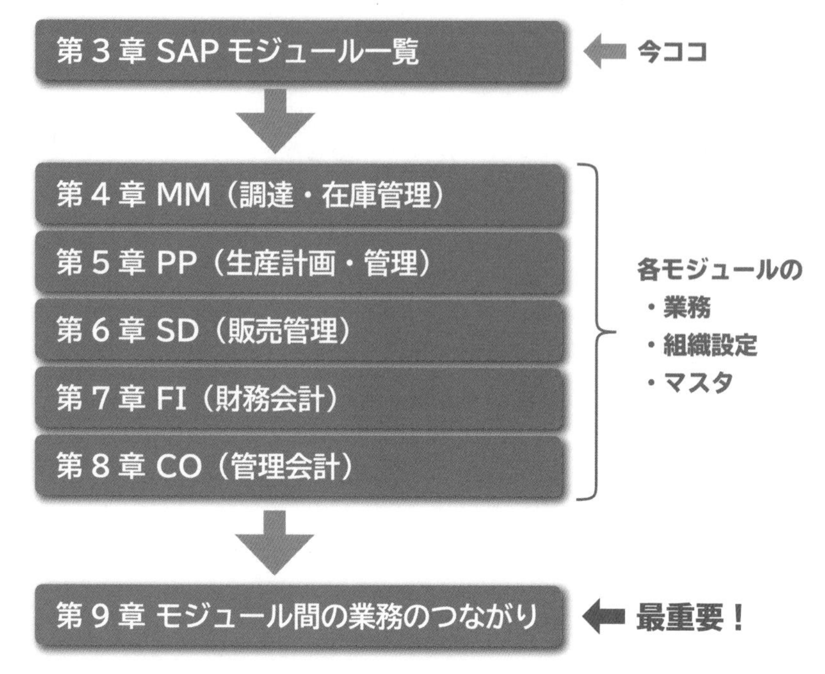

図3 本書の読み進め方

第4章

材料の仕入れとモノの管理をしよう ― MM（調達・在庫管理）

MM（調達・在庫管理）モジュールは、材料の仕入れとともに、材料の仕入れや外注、契約社員の手配、サービスの購買などをします。また、仕入れた材料の在庫管理をするモジュールです。ピザを作るには、まず材料を揃えないと始まりません。SAPでは、どのように材料を揃えていき、どのように在庫管理するかを、この章で解説します。

4-1 MM(調達・在庫管理)モジュールの業務

MMモジュールの２つの業務

MM(調達・在庫管理)モジュールには、次の２つの機能があります。

- 調達
- 在庫管理

調達

調達では、モノを作るのに必要な材料や会社の備品、サービス、契約社員の手配、外注加工の手配などをします。

宅配ピザ屋で言うと、ピザを作るために必要な小麦粉や牛乳、卵、調味料、各種トッピング具材を専門業者(仕入先)から仕入れる業務です。また、お店の備品であるセロハンテープやボールペンなどの購入、そして契約社員や外注先の手配も調達の業務です。

調達の業務は、次の４つのプロセスで進みます。

1. 購買依頼
2. 購買発注
3. 入庫
4. 請求書照合

【調達プロセス】

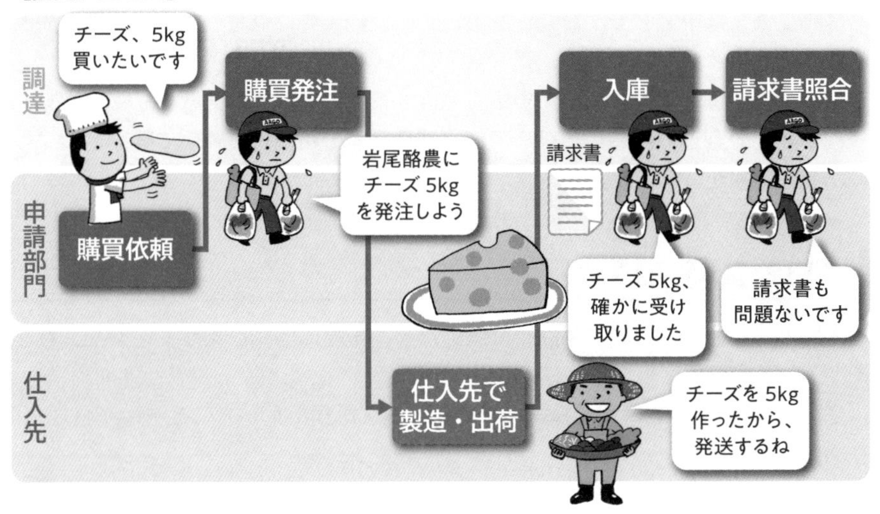

図1 調達プロセスの流れ

プロセス1 購買依頼

購買依頼は、モノがほしい人が調達担当者に「買ってください」と依頼をする業務です。

例えば、ピザ作り担当が「チーズがもう少しでなくなるから、5kg追加で買ってほしい」であったり、店長が「人手を増やしたいから、外注業者を手配したい」という依頼を調達担当者にします。

購買依頼では、価格やどこの仕入先からモノを買うかは重要ではなく、「何を(品目)」「どれくらい(数量)」買うかを決めることがポイントです。

プロセス2 購買発注

購買発注では、モノがほしい人から登録された購買依頼をもとに、調達担当者が仕入先に発注をします。

上記の購買依頼では、「何を(品目)」「どれくらい(数量)」買うかがポイントですが、発注は「どこから(仕入先)」「いくら(価格)」で買うのかを調整します。

例えば、ピザ作り担当から「チーズ・5kg」という購買依頼がきたので、調達担当者は「岩尾酪農株式会社」に「5kg・5,000円」のチーズを発注します。調達担当者は高品質・低単価のモノを発注するために、仕入先の選定、ならびに仕入先との交渉を仕事としています。

また、購買依頼の発注数量が多い場合は、複数の仕入先に分散させて発注したり、納期を分割して発注したりして、購買依頼者の希望した納期に間に合うように、発注業務を行います。

プロセス3 入庫

入庫では、発注したモノが会社に届いたら、実際に品物があっているか、数があっているかをチェックし、在庫に計上します。

宅配ピザ屋では、岩尾酪農株式会社からチーズが5kg届いたことを確認したら、在庫に計上します。

プロセス4 請求書照合

請求書照合とは、仕入先からモノと一緒に届いた請求書を確認する業務です。

岩尾酪農株式会社から「チーズ・5kg分の5,000円をお支払いください」という請求書が届くので、調達担当者が品目、数量、金額に間違いがないかチェックします。

チェック処理をすると、システムに**買掛金**(かいかけきん)が計上されます。買掛金とは、いわゆる「ツケ」のことです。請求書をチェックした段階でお金を支払うわけではなく、将来的にアルゴピザからお金の支払いを行うため、いったん買掛金(ツケ)という形で計上し、支払いを忘れないようにするためです。

買掛金がまだ残っているということは、「将来、支払う必要のあるお金がある」ということを意味します。お金の支払いをいつまでにするかは、あらかじめ調達担当者と仕入先との間で調整し、契約書に明記をしておきます。よくあるケースは、翌月末や翌々月末といった契約をします(身近な例でいうと、クレジットカードの引落しみたいなものです)。この買掛金(ツケ)をもとに、会計担当者(FIモジュール)が岩尾酪農に5,000円のお金の支払いをします。

在庫管理

在庫管理は、入ってくるモノ、出ていくモノの入出庫を管理し、常に正しい在庫数量を管理する業務です。

入出庫

入出庫は、例えば、

- 購買でチーズをいくら入庫したか？
- 廃棄で卵をいくら出庫したか？
- ピザ生地作りで小麦粉や牛乳、卵をいくら出庫(使用)したか？
- トマトソースを冷蔵庫から調理台へいくら在庫転送(移動)したか？

など、在庫の増減や場所の移動をするたびに品目と数量を記録し、場所ごとの在庫数量を常に正しい状態にしておくことが在庫管理のTo-Be(あるべき姿)です。

例えば、調理台に小麦粉が10kgあったとします。「ピザ生地作りで3kg使った(出庫)したので、調理台の残りの在庫は7kgある」という計算を在庫管理機能でします。SAPでは、品目・数量・プラント・保管場所の4つの情報で入出庫および在庫を管理します(プラント・保管場所については、次節の組織設定のところで詳しくお話しします)。

また、**ロット管理**(在庫のグルーピング)をする場合は、ロット番号も入出庫・在庫管理に使用します。

図2 在庫と入出庫の関係

棚卸

在庫管理のTo-Be(あるべき姿)が「在庫数量を常に正しい状態にしておくこと」であっても、正しい数量を常に保つことは困難です。例えば、次のようなケースでは、現場の在庫数量とSAP上のシステム在庫数量に差異が出ます。

- **チーズの入庫数量の入力間違い**
- **スタッフが黙って廃棄**
- **牛乳を50ml使うところ、53ml使った(正確に計測ができない)**

現場の在庫数量とシステム在庫数量に不一致があると、困ることが出てきます。例えば、ピザ作りでチーズを1kg使おうと思ったのに、システム上は0.8kgしかない場合、「出庫処理ができない！ 在庫がマイナス0.2㎏になってしまう！」なんてことが起こります。

そこで、システム上の在庫数量(システム在庫数量)と現場の在庫数量(現場在庫数量)を合わす業務が**棚卸**(たなおろし)です。

SAPの棚卸には2つのパターンがあります。

- **パターン① システム在庫・現場在庫の差異数量分を入出庫で調整**
- **パターン② 棚卸伝票を使って調整**

パターン①の「入出庫で調整」では、システム在庫数量と現場在庫数量を比較し、差異がある分だけ入出庫を登録します。例えば、システム上のチーズが10kgだったのに対し、現場では8kgしかありませんでした。この場合、現場在庫数量の8kgにシステム在庫数量を合わせるために、マイナス2kgの出庫をSAPに入力し、SAP上の在庫を「10kg-2kg=8kg」にします。システム上は何のチェックもなく、いきなり在庫数量が増減することが特徴です。

パターン②の「棚卸伝票」のプロセスは、次の5つのプロセスで進みます。

1. 棚卸伝票登録
2. 現場の在庫数量確認
3. 棚卸検数入力
4. 棚卸差異確認

5 棚卸決済

まず1の棚卸伝票登録をすると、登録時点のシステム上の在庫数量が棚卸伝票に登録されます。

続いて2で現場の在庫数量がいくらあるか確認します。

3で、現場で確認した在庫数量を棚卸伝票に入力していきます。これを「棚卸検数入力」といいます。

4で検数（現場の在庫数量）と棚卸伝票に登録されているシステム在庫数量を比較します。現場在庫とシステム在庫の差異がある場合は、改めて現場の在庫数量を確認したり、期中の入出庫処理に入力間違いがないかを確認したりし、差異数量の原因を突き止めます。

5で差異のある箇所を確認し、問題なければ差異調整をし、システム在庫数量を現場在庫数量に合わせます。これを「棚卸決済」と呼び、棚卸決済をすることで差異数量分だけ自動で入出庫が登録されます。例えば、棚卸伝票上の在庫数量（システム在庫数量）が10kg、棚卸検数（現場の在庫数量）が8kgの場合、棚卸決済をすることで、2kgの出庫が自動で登録され、棚卸決済後の在庫数量は8kgになります。

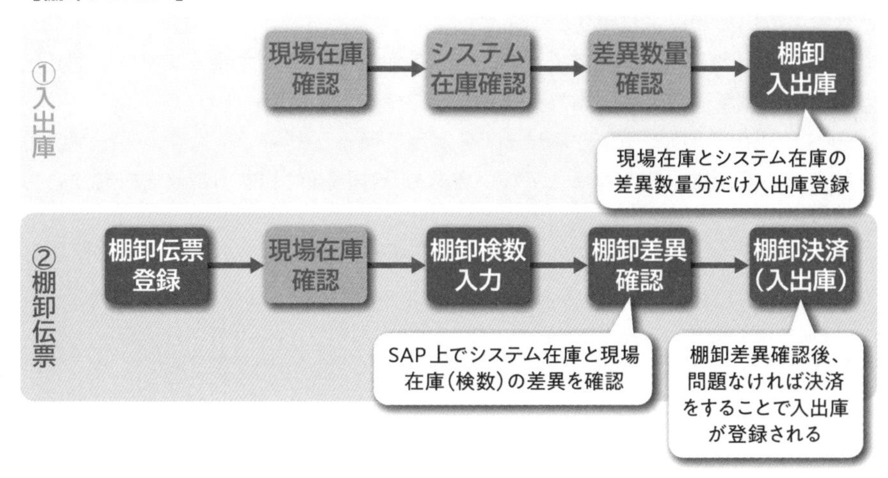

△ 図3 棚卸プロセスの流れ

前ページの図3にあるパターン②の「棚卸伝票」を使用すれば、入出庫を確定させる前(棚卸決済前)にSAP上で差異数量を確認することができますが、パターン①の「入出庫で調整」の場合、いきなり差異数量分の入出庫が登録される点が異なります。

在庫は、会社の資産です(「在庫資産」と言います)。例えば、あなたの家のモノ、1つ1つに価値があります。スマホは5万円、テレビは10万円、冷蔵庫は15万円というように資産価値があります。同じように、会社の在庫も会社の資産という考え方をします。

パターン①の場合、会社の在庫資産をシステム外で確認した後、すぐに入出庫登録されるため、システム上はいきなり会社の在庫資産が増えたり、減ったりします。

一方で、パターン②のように「会社の在庫資産なんだから、SAPのシステム上で資産がどれだけ増えるのか、減るのかを確認してから入出庫登録しよう」と考える会社もあります。もし在庫数量を数え間違えていたり、在庫数量差異・在庫金額差異があまりにも大きすぎたりする場合は再度、現場在庫を確認することができます。

いきなり入出庫をして、会社の資産が増減してもよいのか、それとも棚卸伝票を使って確認プロセスを追加したいかは、それぞれの会社が在庫資産の重要性をどう考えているかによります。

例えば、1kgで1万円もする高級チーズを使っているピザ屋であれば、棚卸伝票を使って棚卸差異を入出庫で反映する前に確認したいでしょう。

一方、1kgで100円の安いチーズを使っているピザ屋であれば、確認プロセスを入れる運用は手間だと考えて、いきなり入出庫を登録することを好むかもしれません。

要は、SAPでは2つの棚卸パターンがあるので、「あなたの会社にマッチする方法を選んでね」と選択できるのです。

4-2 MM(調達・在庫管理)モジュールで使う組織

MMモジュールで使う4つの組織

MM(調達・在庫管理)モジュールでは、次の4つの組織を使います。

❶購買組織
❷購買グループ
❸プラント
❹保管場所

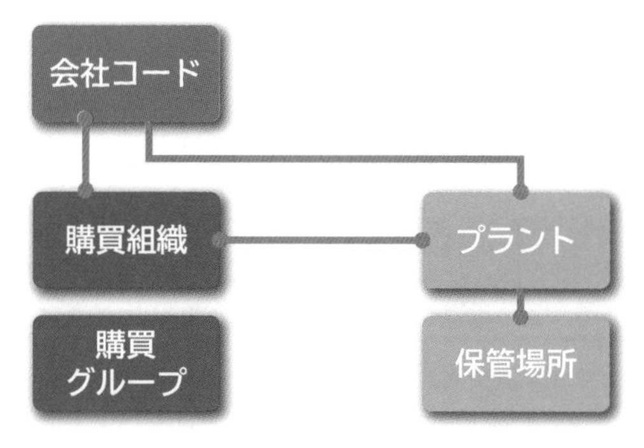

図4 MMモジュールの組織関連図

組織❶ 購買組織

購買組織は、仕入先と購買条件を交渉する組織単位で設定します。購買組織は、会社コードやプラントに対して、次のような紐づけ方ができます(**N**は、ある不特定の自然数を表します)。

● 会社コード：購買組織＝N：N
● プラント：購買組織＝N：N

ユーザーにより、購買組織を中央集権的に「購買組織：会社コード」を「1：1」にするケースもあれば、分散で「購買組織：会社コード」を「N：1」にするケースもあります。例えば、「購買組織：会社コード」が「N：1」の場合、1つの会社コードに対して購買組織が2、3、4……といったように複数個紐づくことを表します。

中央集権？　分散？　何言ってるの？って感じですよね。　分かりにくいと思うので、宅配ピザ屋を例にお話していきますね。

例えば、仕入れ業務をアルゴピザの本社と各店舗でそれぞれ行っているとします。「アルゴピザ」という1つの会社コードに対して、購買組織をアルゴピザ全体で統括したい場合は、購買組織「アルゴピザ」を1つ設定します（中央集権型）。

また、購買組織を店舗ごとにしたい場合は、「アルゴピザ」という会社コードに対して購買組織「東京調布店」「新宿店」「池袋店」という具合に店舗ごとに分けて設定していきます（分散型）。

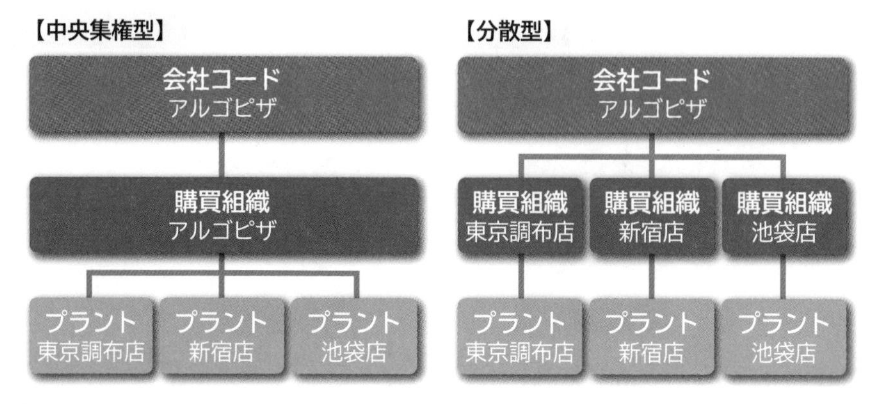

▲ 図5 購買組織の設定パターン

ここからが重要な話です。購買組織を1つにするか、分けるかは、**マスタの設定方法をどうしたいか**によります。

例えば、この後にお話しする購買情報マスタや価格マスタは、購買組織を**キー項目**として設定していきます（キー項目とは、設定の際に必ず指定が必要な項目のことです)。

購買組織を分ける場合、購買情報も価格もそれぞれの購買組織ごとに設定する必要があります。つまり、購買組織を店舗ごとに分けて設定した場合、店舗ごとにチーズの購買情報や価格を設定しなければなりません。

アルゴピザとして、「店舗が異なっても購買情報や価格が同じだ」という場合は、マスタメンテナンスの観点からは購買組織は1つにする(中央集権型)のが賢明でしょう。例えば、岩尾酪農から仕入れるチーズは、どこの店舗でも1kg・1,000円の場合は、購買組織を1つに設定するのがマスタメンテナンスが楽になります。この場合は、アルゴピザ本社の調達担当者がまとめて購買情報マスタや価格マスタのメンテナンスをする運用になるでしょう。

逆に、購買情報や価格が店舗ごとに違っている場合は、購買組織を分けるように設定しましょう(分散型)。

例えば、同じ岩尾酪農からチーズを仕入れていても、東京調布店が1kg・1,000円。新宿店が1kg・1,200円の場合は、購買組織を店舗に設定し、価格マスタも購買組織単位で設定するのが良いでしょう。この場合は、東京調布店、新宿店の調達担当者が責任を持って自分たちの購買情報マスタや価格マスタのメンテナンスをする必要があります。

さらに要件定義をしていると、チーズはどこの店舗が仕入れても同じ価格だけど、小麦粉は店舗ごとに価格が異なる、というケースがあります。この場合は、購買組織を1つにするように仕入先と調整して業務改革をしていくのか、すべての購買情報・価格マスタのメンテナンスを店舗ごとに任せるのかは、要件定義次第になります。

購買組織が多すぎてもマスタメンテナンスが大変になるので、システム保守のことも考えて設定粒度を決める必要があります。また、購買組織が多いと、組織変更の都度、マスタメンテナンスやすでに登録してある発注伝票を新購買組織に修正して登録しなおすなどの対応工数が多大にかかることになるため、組織変更も見越すことも大事な検討ポイントです。

組織❷ 購買グループ

購買グループは、購買をする部課や担当者単位で設定します。購買グループは、どの組織とも紐づけはなく、独立した組織設定です。購買グループは、発注伝票登録時に「誰（もしくはどのグループ）」が登録したかを判別するために入力します。

購買グループは、次の用途で使用します。

- 発注伝票の検索キー
- 権限制御のキー

例えば、東京調布店のスタッフ一人ひとりを購買グループに設定した場合、誰が発注したかが一目で分かります。しかし、アルゴピザ本社として「店舗レベルで分かれば十分」という場合は東京調布店を１つの購買グループに設定します。

実際の業務でどういったケースで購買グループを使うかというと、発注の承認プロセスが関係します。例えば、担当者が発注伝票を登録し、10万円以上の購買であれば、店長が発注伝票の品目、数量、価格、仕入先に問題がないかを確認して承認するという業務です。

このとき、店長は承認しなければならない発注伝票をSAPの中から探さなければなりません。探すときには、もちろん自分の確認すべき伝票とは関係のない発注伝票もたくさん出てきます。そのときに、店舗のスタッフが使っている購買グループをキーに検索すれば、店長が確認すべき購買発注伝票がヒットするというわけです。

また、購買グループをキーに、発注伝票を登録させる/させない、変更させる/させない、見せる/見せないなど、ユーザーごとに使用させる機能を制御することができます。これを**権限制御**と言い、例えば、調達部の部長にはすべての購買グループの発注伝票を見せるようにするが、調達２課の課長は課に割り当てられている購買グループの発注伝票しか見られない、といった制御ができます。

購買グループは、発注伝票の検索キーや権限制御に使うため、どのような粒度で設定したいか考えつつ、決めていきます。

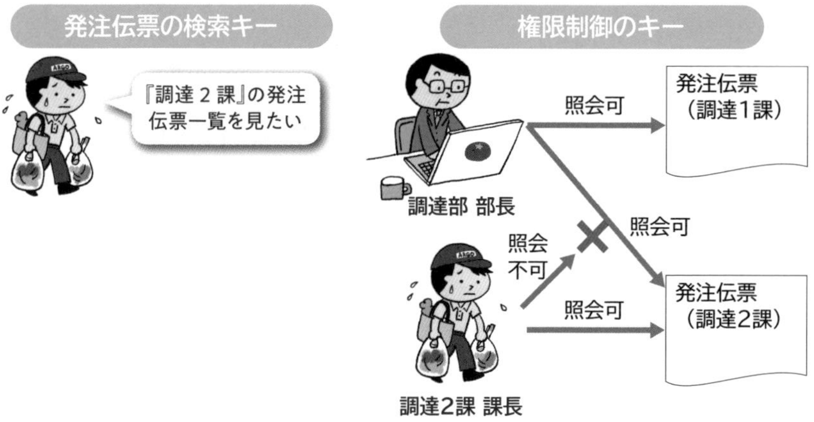

発注伝票の検索キー

『調達２課』の発注伝票一覧を見たい

権限制御のキー

調達部 部長

照会可

発注伝票（調達1課）

照会可

照会不可

調達2課 課長

照会可

発注伝票（調達2課）

図６ 購買グループの使用イメージ

購買グループも組織設定と同様に、細かすぎるとメンテナンスが大変です。

特に人事異動・組織変更がある場合、細かく設定しすぎるとメンテナンスが大変なので、メンテナンスのことも考えつつ、設定粒度を決めていく必要があります。

組織❸ プラント

プラントは、在庫情報を管理する組織です。プラントでは、在庫数量・在庫金額を把握できます。

例えば、アルゴピザの場合は、店舗をプラントと設定することにより、店舗ごとの在庫数量・在庫金額を把握することができます。

また、プラントは、**品目マスタ**登録のキーにもなります。同じチーズという品目であっても、プラントごとに原価、調達所要日数、入庫保管場所などの設定ができます。プラントを分ければ、品目マスタのメンテナンスも面倒になるので、アルゴピザ全体で１つという単位で設定するのも１つの案です。

例えば、プラントを「アルゴピザ本社」と１つのみ設定した場合、チーズという品目は、

- 原価：1,000円/kg
- 調達所要日数：2日

という設定で全店舗共通になります。

また、店舗ごとに「原価をそれぞれ設定したい！」「調達所要日数をそれぞれ設定したい！」という場合は、プラントを店舗ごとに設定する方が良いでしょう。

もちろん、プラントが増えれば増えるだけマスタメンテナンスが大変になります。店舗ごとに設定値をミリミリと設定して、SAPを使い倒したい場合は、プラントを分けた方が良いでしょう。

品目マスタの設定値はあくまでも「アルゴピザ本社」の標準値を設定し、細かいところはそれぞれの店舗で調整する場合は、プラントをまとめた方が良いでしょう。プラントを店舗ごとに分けて設定する場合、東京調布店のチーズの原価は1,000円/kg、新宿店のチーズの原価は1,200円/kgというように、それぞれで設定値を決められます。

プラントの設定は、

- 在庫場所・在庫金額を見たい粒度
- マスタの設定したい粒度

の2点をポイントに、設定粒度を決めていく必要があります。

組織❹ 保管場所

保管場所は、プラントよりも細かい単位で在庫管理ができる組織設定です。1プラントに対して、複数保管場所の設定が可能です（「プラント：保管場所 ＝ 1：N」という設定ができます）。

保管場所では、在庫数量を把握できます（ただし、プラントと違って在庫金額を管理できません）。保管場所は、例えば、プラントを店舗ごとにする場合、モノを管理する場所を細かく設定します（冷蔵室、バックヤード、ピザカット台横など）。

保管場所が細かければ、それだけ在庫がどこの保管場所にあるかを正確に管理できますが、一方で細かすぎると、モノを移動させるたびに入出庫伝票を登録し、保管場所間の移動をさせる必要があります。例えば、「冷蔵庫1段目」「冷蔵庫2段目」という粒度で保管場所を設定した場合、在庫を1段目から2段目へ移すだけで入出庫登録をする手間がかかります。保管場所は、品目マスタなどのマスタメンテナンスには影響しません。そのため、「どこに・どれだけ在庫があるか」を把握する点のみで、設定粒度を検討していきます。

4-3 MM(調達・在庫管理)モジュールで使うマスタ

MMモジュールで使う6つのマスタ

MM(調達・在庫管理)モジュールでは、次の6つのマスタを使います。

❶ BPマスタ(仕入先マスタ)
❷ 品目マスタ
❸ 購買情報マスタ
❹ 購買条件マスタ
❺ 供給元一覧
❻ 供給量割当

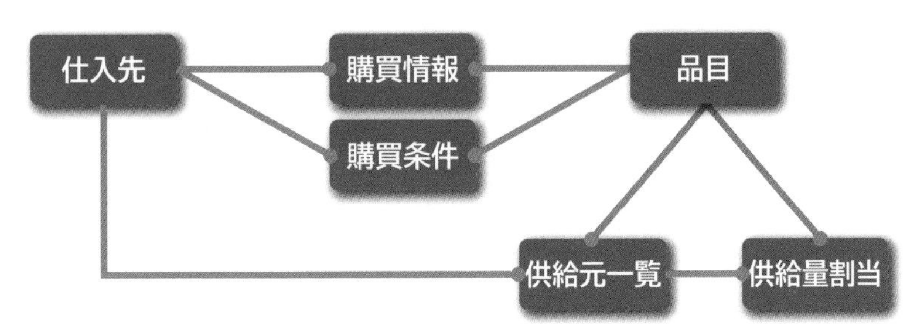

図7 MMモジュールのマスタ関連図

BPマスタ(仕入先マスタ)と品目マスタは、使用する分をそれぞれ登録します。購買情報マスタ、購買条件マスタ、供給元一覧、供給量割当は、BPマスタ(仕入先マスタ)と品目マスタの紐づけにより設定をしていきます。

マスタ❶ BPマスタ(仕入先マスタ)

BPマスタ(仕入先マスタ)とは、材料や派遣社員、外注先など、仕入先の会社です。アルゴピザから見ると、材料となるチーズを販売している会社、小麦粉を販売している会社、契約社員を派遣してもらう会社などが、BPマスタ(仕入先マスタ)にあたります。BPとは、ビジネスパートナー(Business Partner)のことです。

では、なぜ仕入先マスタではなく、BPマスタと呼んでいるかというと、SAP ECC6.0までは、仕入先マスタとして管理されていましたが、SAP S/4HANAから**仕入先**も**得意先**も「BPマスタ」として合わせて管理されるようになったからです。

BPマスタでは、**BPロール**により、仕入先か得意先かというロール設定をします。BPロールとは、設定するBPマスタがどのような役割のビジネスパートナーなのかを表します。1つのBPマスタに、複数のBPロール付与が可能です。

例えば、アルゴピザにとって、株式会社ABCがトッピングのコーンを購入する仕入先でもあり、ピザを販売する得意先でもある場合、「BPマスタ：株式会社ABC」に「仕入先ロール」と「得意先ロール」を付与し、管理します。これにより、SAP S/4HANAからは、仕入先・得意先が同じコードで管理できるようになり、煩雑さがなくなりました。

BPマスタ(仕入先マスタ)には、

❶一般設定項目
❷会社コード別設定項目
❸購買組織別設定項目

という3種類の設定項目があります。

同じ仕入先でも会社コードや購買組織が異なれば、違う設定値を登録することができます。例えば、コーンを販売する株式会社ABCとアルゴピザジャパンが取引し、アルゴピザチャイナも取引している場合、ジャパンとチャイナでそれぞれ別の設定値を登録することができます。購買組織も同じで、店舗ごとに分けて購買組織を設定している場合、店舗ごとに異なる設定値を登録することができます。

設定項目❶ 一般設定項目

一般設定項目は、会社コードや購買組織の違いに関係なく、次のような共通する項目の設定をします。

- BPコード
- 仕入先名称
- 住所
- 電話番号 など

設定項目❷ 会社コード別設定項目

会社コード別設定項目は、次のような会社コードごとに分けて登録する必要のある項目の設定をします。

- 会社コード
- 統制勘定コード
- 支払条件 など

設定項目❸ 購買組織別設定項目

購買組織別設定項目は、購買組織ごとに分けて登録する必要のある項目の設定をします。

- 購買組織
- 支払条件
- 発注通貨
- 自動請求書照合(ERS) など

状況によっては、BPマスタ(仕入先マスタ)は取引会社よりも、もっと細かいレベルで設定をすることもあります。
　例えば、取引会社の、

- 支店レベル
- 部署レベル
- 担当者レベル

といった具合に、仕入れのコンタクト先情報や、支払方法などによって、会社よりも細かいレベルで設定します。

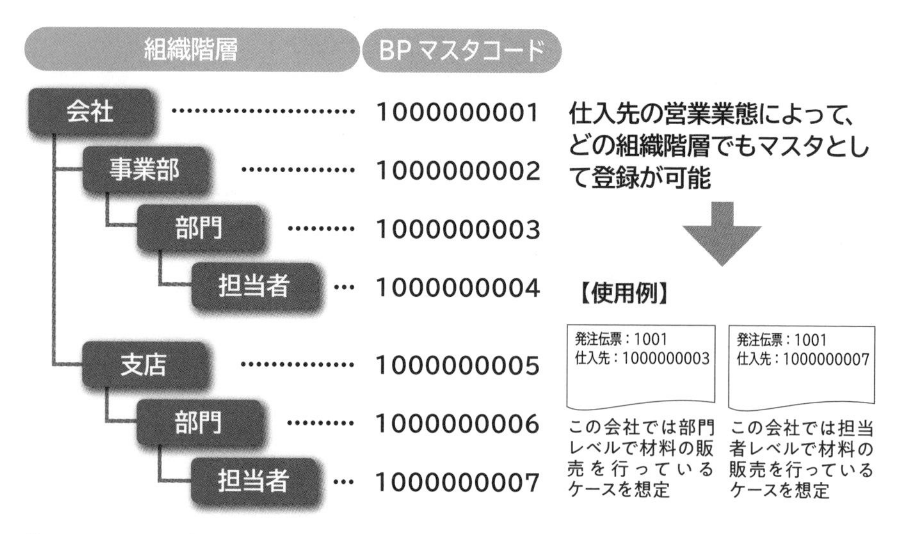

図8 BPマスタ（仕入先マスタ）設定レベル

　例えば、山崎フードの「トマト事業部」からトマトの仕入れ、「ミート事業部」からソーセージの仕入れ、といったように、同じ会社でも部署レベルで仕入先が変わる場合、「トマト事業部」や「ミート事業部」をBPマスタとして設定します。

マスタ❷ 品目マスタ

　品目マスタは、購入する品目の設定をします。例えば、アルゴピザでいうと、小麦粉や牛乳、卵、チーズ、トマトソース、ソーセージ、コーンなど、原材料として購入するモノ1つ1つを品目マスタとして登録をしていきます。

購買品目の場合、「購買ビュー・MRPビュー」の設定が必要です。MRPは、後ほどPPモジュールの章で詳しく説明しますが、Material Requirement Planningの略で、「材料を揃えるためにいくら発注しなければいけないか」という必要な発注数量を計算するための機能です。

品目マスタ設定では、次のような購買に必要な情報を設定していきます。

- どういう数量単位で買うか?(例:発注単位 kg)
- どういうまとめ単位で買うか?(例:10個ずつ)
- ロット管理するか?
- 自動発注するか?
- 発注点管理するか?(例:在庫数が50kgを切ったら、自動で購買依頼登録)

なお、SAPを初めて触る人によくある勘違いが、「仕入先ごとに品目を登録していかなければならない」という勘違いです。

例えば、SAPでは、岩尾酪農のチーズと後藤牧場のチーズを同じ「品目:チーズ」として登録します。仕入先固有の情報は、購買情報マスタで設定します。また仕入先ごとの価格情報は、購買条件マスタで設定します。そのため、仕入先が違っても、品目は1つのみの登録でOKというのがSAPの考え方です。

詳しくは、この後の「購買情報マスタ」と「購買条件マスタ(価格マスタ)」のところでお話しするので、同じチーズであれば、仕入先が複数あっても「登録は1品目でよい」ということだけ覚えてください。

マスタ❸ 購買情報マスタ

購買情報マスタは、〈仕入先〉×〈品目〉×〈購買組織〉×〈プラント〉単位でマスタ設定をします。

よくある使い方は、原材料Aを仕入先X、仕入先Yの両方から購買する場合、購買情報マスタでは、

- 〈仕入先X〉×〈原材料A〉の設定
- 〈仕入先Y〉×〈原材料A〉の設定

とすることで、同じ品目でも仕入先ごとに固有の設定値を持たせることができます。

例えば、チーズを岩尾酪農と後藤牧場から買っているとします。同じチーズという品目ですが、納入予定日数(発注してからアルゴピザに入庫されるまでの予定日数)が、仕入先ごとに違うとします。その場合、購買情報マスタに、次のような設定をします。

- 〈仕入先:岩尾酪農〉×〈品目:チーズ〉の購買情報マスタ → 納入予定日数:2日
- 〈仕入先:後藤牧場〉×〈品目:チーズ〉の購買情報マスタ → 納入予定日数:3日

このように、同じチーズという品目でも、岩尾酪農と後藤牧場で、それぞれ固有の納入予定日数を設定することができます。例として「納入予定日数」でお話ししましたが、ほかにも仕入先品目テキスト、購買グループ、最小発注数量、輸出入の取り決めとなるインコタームズなど、多数の設定項目があります。

また、購買情報マスタの設定項目には、品目マスタと同じ設定項目があります。例えば、「納入予定日数」で、

- 品目マスタ:5日
- 購買情報マスタ(小峠酪農):4日
- 購買情報マスタ(西村チーズ):ブランク

としていた場合、購買情報マスタの値の方が優先的に使用されます。

小峠酪農に発注する場合は、購買情報マスタの設定値から、納入予定日数:4日になります。西村チーズに発注する場合は、購買情報マスタの納入予定日数がブランクなので、品目マスタの5日が使われます。

図9 購買情報マスタ・品目マスタの設定値の優先度

マスタ❹ 購買条件マスタ

購買条件マスタとは、価格マスタのことです。考え方も購買情報マスタと同じで、同じ品目マスタですが、BPマスタ(仕入先マスタ)ごとに価格設定を分けたい場合に使えるマスタです。

例えば、チーズを岩尾酪農と後藤牧場から買っているとします。その場合、条件レコードには、次のような設定ができます。

- 〈仕入先：岩尾酪農〉×〈品目：チーズ〉の価格マスタ → 正味価格：200円/kg
- 〈仕入先：後藤牧場〉×〈品目：チーズ〉の価格マスタ → 正味価格：180円/kg

購買条件マスタは正味価格だけでなく、運賃や値引きなどの設定もできます。SAPでは「価格マスタ」と呼ばず、「購買条件マスタ」と呼ぶのは、購買の条件に応じて、運賃や値引きなどの価格項目が入り、あらゆる条件をトータルして価格を出すためです(例えば、海外の場合は運賃が2,000円、100kg以上購入の場合は5%offといった条件から価格が導き出されます)。

追加料金や値引きの設定では、購買数量に合わせた「パーセント」「数量依存」「金額依存」で購買価格の増減ができます。この数量に合わせた金額増減を**スケール**と呼びます。

例えば、数量依存の場合は、

- 100kg以上購入の場合、5%off
- 1,000kg以上購入の場合、10%off

といった価格のスケール設定が可能です。

【条件の例】

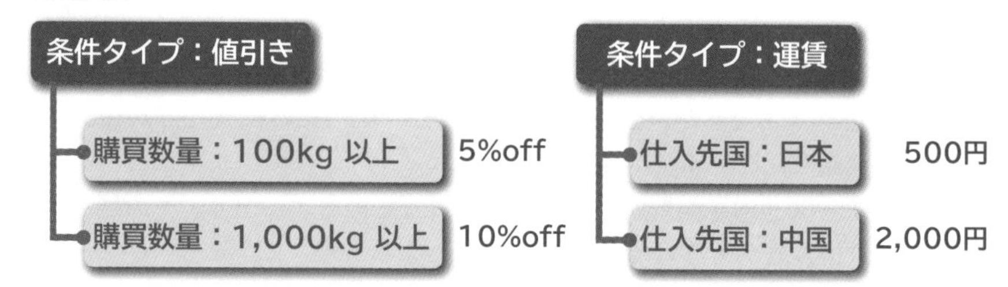

図10 購買条件マスタの設定例

また、SAPの購買条件マスタ（価格マスタ）には、有効期限を持たせる使い方をします。

例えば、岩尾酪農のチーズの値段が今四半期（4月～6月）は、200円/kgだったとします。今四半期の終わり間際に、岩尾酪農から「原料のミルクが不作だったため、翌四半期（7月～9月）はチーズの値段を上げたい」と連絡がありました。そして、交渉の末、翌四半期（7月～9月）から210円/kgになったとします。

その場合、SAPでは次のような設定をします。

品目	価格	有効開始日	有効終了日
チーズ	200円 / kg	4/1	6/30
チーズ	210円 / kg	7/1	9/30

表1 購買条件マスタの変更処理イメージ

このように設定することで、6月30日までの発注では200円/kgになりますが、7月1日以降は自動的に210円/kgになります。

マスタ❺ 供給元一覧

供給元一覧とは、〈プラント〉×〈品目〉単位ごとに、使用できる仕入先を定義するマスタのことです。「ある品目を発注できる仕入先のリスト化マスタ」みたいなものです。

例えば、〈プラント：東京調布店〉の〈品目：チーズ〉の供給元一覧（仕入先リスト）

は、岩尾酪農、後藤牧場の2つを登録しておくことで、購買発注伝票を登録する際に、この2つの仕入先から選択することができます。

供給元一覧では、使用できる仕入先、有効期限、購買組織を設定します。また、供給元一覧に登録した仕入先のうち、どこの仕入先を「固定仕入先」(最優先の仕入先)とするか、過去にトラブルがあったため発注しないようにブロックするか、MRP対象とするかといった設定もできます。

例えば、チーズの仕入先として、岩尾酪農と後藤牧場の2社を供給元一覧として登録しておき、岩尾酪農を固定仕入先として設定しておくと、発注伝票ではまず岩尾酪農を優先的に発注するように提案されます。

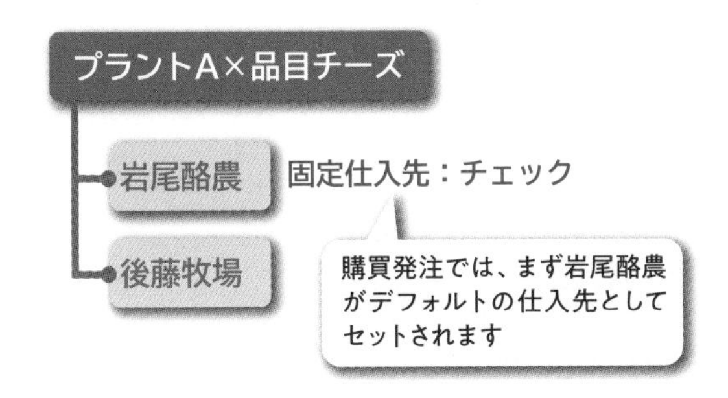

図11 供給元一覧の設定例

マスタ❻ 供給量割当

供給量割当とは、〈プラント〉×〈品目〉単位ごとに使用できる仕入先が複数あるとき、どのくらいの割合でその品目を調達するか設定するマスタのことです。供給量割当では、複数の仕入先に対して、どのような発注数量比率とするか設定します。

例えば、「チーズは70%を岩尾酪農へ、30%を後藤牧場へ発注する」と発注比率を設定します。このとき、発注数量が200kgだった場合、岩尾酪農へ140kg(70%分)、後藤牧場へ60kg(30%分)の購買依頼伝票が登録されます。

ピザ作り担当からすると、どこの仕入先からチーズを買おうが、欲しい数量が納期どおりに揃えば、何の問題もありません。しかし、調達部門の観点から、例えば、後藤牧場と契約はしているものの、「今月はピザ販売数量が伸びないので、後藤牧場へのチーズの発注がゼロでした」ということが起こった場合、後藤牧場ではアルゴピザへの売上を予測に入れた経営をしていたのにも関わらず、発注がゼロなので、アルゴピザ以外の取引先を探す必要性が出てきます。そうなれば、アルゴピザがいざ後藤牧場に発注をするときに、「アルゴピザへ納品できるチーズの在庫はありません……」ということになりかねません。調達戦略や仕入先との関係から、ある一定の割合の発注が必要な場合、この供給量割当マスタを使って、仕入先ごとへの発注量を調整します。

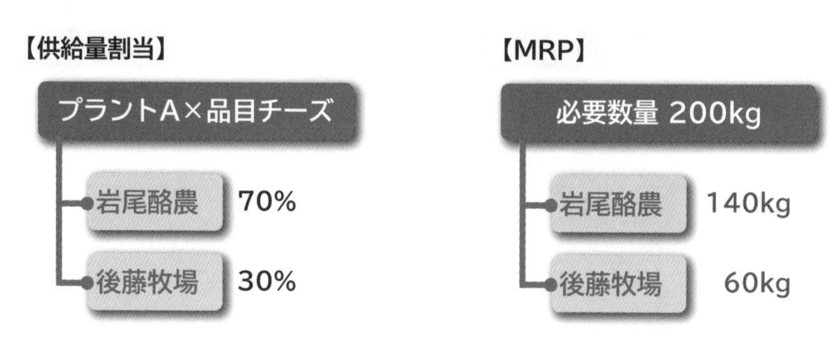

図12 供給量割当の設定例

また、発注の際に最小発注数量やロットサイズをセットすることも可能です。ロットサイズとは、「何kg単位の発注じゃないとダメですよ」ということです。

例えば、ポッキーのロットサイズが12本(1ダース)のとき、12本ずつの発注じゃないとダメなので、12本、24本、36本、48本、というような数量での発注しかできません。もし、ポッキーが30本ほしい場合、36本(3ダース)の発注になります。

Column ABAPのプログラミングスクールがほしい

最近、IT業界ではプログラミングスクールに通ったのちに就職・転職というブームが巻き起こっています。プログラミングスクールで学べる言語を見てみると、RubyやPHP、PythonなどのWeb系で使われる言語がほとんどです。

Web系……。華々しくていいんですが、「やっぱり大企業向けで、手堅いSAPでしょ！」と私は思うわけです。ABAPのプログラミングスクールがあれば、間違いなくWeb系より給料をもらえますし、SAP S/4HANA化の波に乗って、一気にキャリアアップできると思うんです。

ABAPのプログラミングスクール、誰か作ってくれないかなぁ……。

第5章

ピザを作ろう
── PP（生産計画・管理）

PP（生産計画・管理）モジュールは、製品を作るための生産計画を立案し、生産計画に基づいて製造実績計上するためのモジュールです。宅配ピザ屋の醍醐味であるピザ作りに関わる業務です。SAPでどのように計画を立て、ピザ作りをしていくか解説していきます。

5-1 PP(生産計画・管理)モジュールの業務

PPモジュールの２つの業務

PP(生産計画・管理)モジュールは、次の２つの機能があります。

- 生産計画
- 製造実績

生産計画

生産計画は、モノをいくら作るか、モノを作るのに材料がいくら必要かという計画を立案します。具体的には、「何を(品目)」「いくら(数量)」「いつ(時間)」「どの場所で(作業区)」という生産に必要な情報を決めます。

例えば、アルゴピザで言うと、１日にピザを100枚作ります。明日も100枚くらい注文が入る予定です。「材料をあらかじめいくら発注しておく必要があるか」「生地をあらかじめいくら作っておく必要があるか」を、今の在庫数量や、すでに発注していてこれから入ってくる予定数量、今日ピザ作りに使用する予定数量などから逆算して、明日発注する材料の数量や生地の生産数量を算出します。

生産計画の業務は、次の４つのプロセスで進みます。

1. 計画独立所要量登録 or 受注登録
2. MPS・MRP(所要量計画)
3. 能力計画
4. 計画手配→製造指図・購買依頼へ変換

【生産計画プロセス】

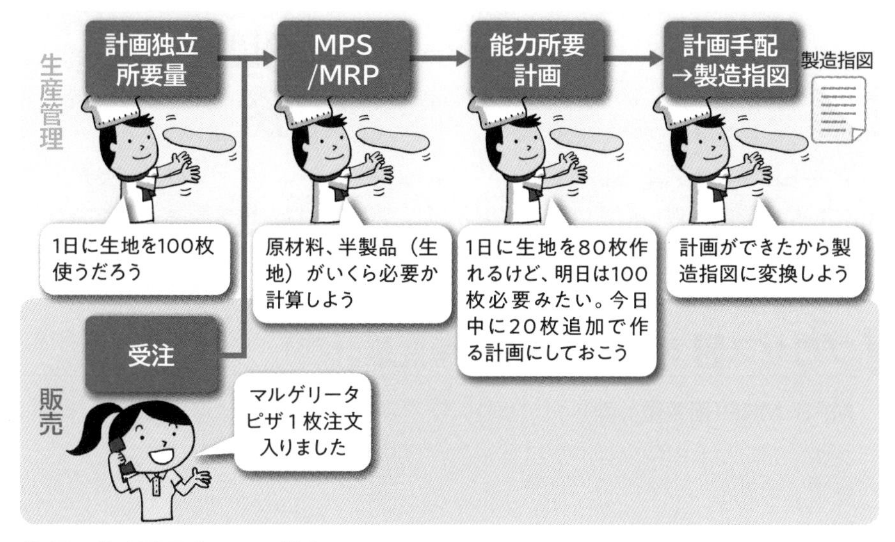

図1 生産計画プロセスの流れ

プロセス1 計画独立所要量登録 or 受注登録

計画独立所要量登録 or 受注登録は、生産計画のもととなる数量情報を登録します。なぜ「計画独立所要量登録 or 受注登録」と「or」になっているかというと、メーカーによって生産形態が見込生産と受注生産の2タイプに分かれるためです。

見込生産は「今月、今週、今日はいくらくらい注文が入るかな」という見込(需要予測)をもとに生産をします。

例えば、コンビニのパンは、見込生産形態です。今月は1日でメロンパンが10,000個くらい売れるかな、という需要予測をもとに、毎日10,000個のメロンパンを生産する計画を立てます。この10,000個という予測数量をSAPでは**計画独立所要量**といいます。

見込生産は、基本的に「量産」するモノを売る形態の場合に使います。アルゴピザでは、すぐにピザのトッピングや焼き工程ができるように、ピザ生地は見込生産であらかじめ作っておく生産形態です。

一方、**受注生産**は注文が入ってから生産を始めます。

例えば、自動車の製造は受注が入ってから組み立てていくので、受注生産形態です。本日、船橋店のAさんから黒のプリウスの注文をもらいました。「グレードはSで、オプションはカーナビと車載カメラをつけてください」という受注に基づいて、生産を始めます。受注生産では、受注伝票の受注品目、数量、納入日付をもとに生産計画を立てます。

受注生産は基本的に「個別」でスペックなどが決まるようなモノや、作りたてのモノを売る形態の場合に使います。アルゴピザの場合は、最終製品となる各種ピザは、アツアツの状態でお届けしたいので受注生産の形態になります。

プロセス❷ MPS・MRP(所要量計画)

MPS・MRP(所要量計画)は、計画独立所要量もしくは受注数量をもとに、製品・半製品をいくら生産しないといけないか、材料をいくら発注しないといけないかを計算します。

MPSは、Master Production Scheduleの略で、「製品・半製品」を作るための用語です。例えば、MPSではピザ生地や各種ピザをいくら作るか算出します。

MRPは、Material Requirement Planningの略で、「材料」を発注するための用語です。例えば、MRPでは小麦粉、牛乳、卵がいくら追加発注が必要か算出します。

MPS・MRPは、計画独立所要量もしくは受注数量をもとに、現在の在庫数量、入庫予定数量、出庫予定数量、安全在庫数量をもとに、これから生産する数量・発注する数量を算出します。

入庫予定数量とは、すでに昨日までに発注したけれど、まだ仕入先から材料が届いてなく、これからモノが入ってくる予定の数量です。

出庫予定数量とは、生産計画をすでに立てていて、これから材料・半製品を使う予定の数量です。

安全在庫数量とは、万が一のため、最低限はこれだけは在庫をキープしておきたい数量のことです。アルゴピザで、材料の入荷が仕入先から遅れたときのため、チーズは最低限20kgはいつもキープしておこうというのが安全在庫です。

例えば、チーズが150kg必要だとなった場合、現在庫、入庫予定、出庫予定・安全在庫が次の表1のような数量だったとします。

現在庫数量	50kg
入庫予定数量	30kg
出庫予定数量	20kg
安全在庫数量	10kg
正味所要量（必要な数量）	150kg

表1 所要量計算に使われる数量情報

MPS・MRPでは、次のような計算で、チーズの発注数量を算出します。

正味所要量－現在庫数量－入庫予定数量＋出庫予定数量＋安全在庫数量

この計算式を使うと、

150kg－50kg－30kg＋20kg＋10kg
＝100kg

となります。図に表すと、次のようになります。

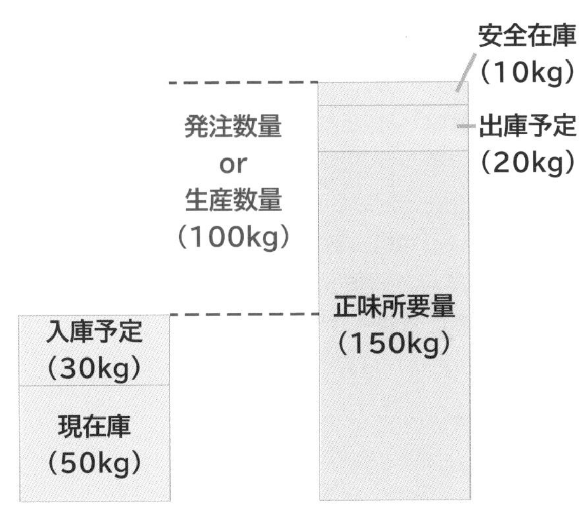

図2 所要量計算ロジックのイメージ

必要なチーズの量は150kgだけど、今ある在庫や、これから入ってくる在庫、これから使う在庫、キープしておきたい在庫を計算に入れると100kg発注しよう、という計算結果になります(上の例ではチーズ(材料発注)の話をしていますが、生地やピザなどの生産品でも同じロジックで必要数量が計算されます)。

このようにして、計画独立所要量や受注数量から、MPS・MRPを使って、生産や発注する数量を算出することができます。

プロセス❸ 能力計画

能力計画は、MPSで算出した生産計画数量が作業時間内に製造できるかを計画します。

MPSは、あくまで「何が(品目)」「いつ(何日に)」「いくら(数量)」必要なのかを計算するのみで、作業負荷状況は考慮されません。そのため、極端な例ですが、いきなり1万枚のピザの受注が入り、MPSの計算を実行しても、その日のうちに「1万枚のピザを作ってね」という計算しかされません。

MPS・MRPの結果、「1万枚作ってね!」と言われても作れませんよね……。そこでMPSの生産計画数量が、ほんとうに生産可能なのか、作業能力上問題ないのかを計画するのが、「能力計画」です。

例えば、ピザ作り担当が1時間に100枚のピザ生地を作れるとします。MPSで算出されたピザ生地の生産計画数量は1,000枚でした。1日8時間労働なので、ピザ作り担当が1日で作れるピザ生地の数量は、800枚です。残りの200枚は作れないので、1日前倒ししたり、2時間残業してもらうようにしたり、ほかの人が200枚分の生産を肩代わりしたりするように、能力計画をします。

このように能力の負荷分散することを「負荷平準化」と言います。

ここでは、1日の能力計画を例にしましたが、SAP上で数カ月先の計画独立所要量や受注が登録されている場合、数カ月先の生産計画まで立案されます。いつ能力負荷が高くなるのか事前に把握し、あらかじめどのような手を打つか検討することが、生産計画担当者に求められます。

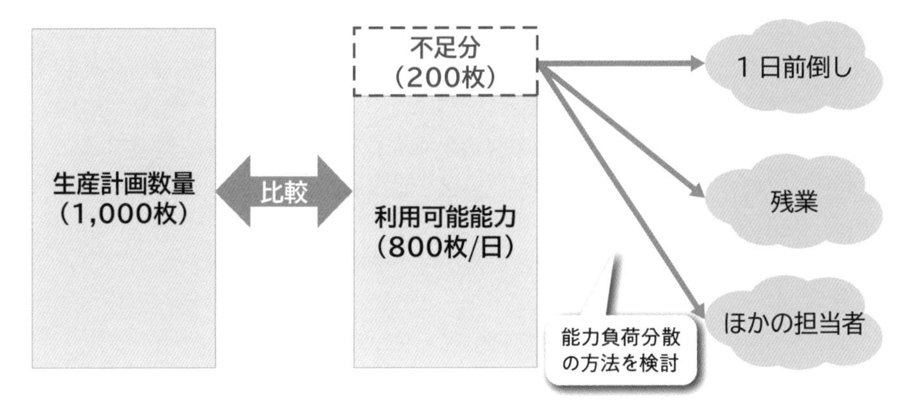

図3 能力負荷分散の方法

プロセス4 計画手配→製造指図・購買依頼へ変換

MPS・MRPが実行されると**計画手配**という伝票が登録されます。計画手配は、まだ指示（製造指図や購買発注）が確定はしておらず、あくまで予定というステータスの伝票です。

計画手配変換は、生産計画を実行し、計画手配を確定ステータスにする業務です。MPS・MRPの実行、そして能力所要計画を終え、これで生産・発注に取り掛かっても問題ないと判断すれば、計画手配から**製造指図**、**購買依頼**に伝票の変換をします。製品・半製品の場合は、計画手配から「製造指図」が登録され、材料の場合は、計画手配から「購買依頼」が登録されます。製造指図が登録されれば、ピザ作り担当者はピザを作る準備に取り掛かります。購買依頼が登録されれば、調達担当者は内容をチェックし、購買発注伝票を登録し、材料の仕入れをしていきます。つまり、計画手配から製造指図・購買依頼へ変換するプロセスは、実務担当者が仕事を始める起点となるのです。

製造実績

製造実績は、モノをいくら作ったか、モノを作るのに材料をいくら使ったか、モノを作るのにいくら作業時間がかかったかをシステムに計上します。

製造実績は、**製造指図**という指示書をもとに作業をします。製造指図は、生産計画をもとに登録されることもあれば、マニュアルで登録されることもあります。どう登録するかは、SAPを導入した会社の運用次第で、SAPで生産計画をしていても急遽製造が必要になった場合は、マニュアルで製造指図を登録しますし、Excelやほかの生産管理システムで生産計画を立てている場合も、生産することが確定したモノだけマニュアルで製造指図を登録します。

製造実績では、製造指図をもとに、次の３つの情報を実績計上します。

❶ 構成品出庫(モノを作るのに材料をいくら使ったか)
❷ 生産品入庫(モノをいくら作ったか)
❸ 作業時間(モノを作るのにいくら作業時間がかかったか)

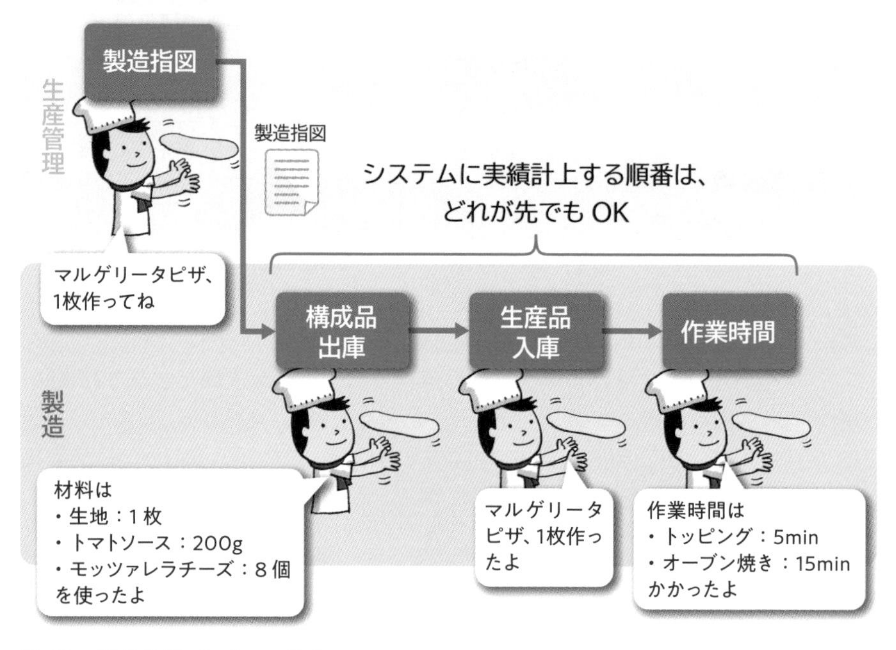

図4 製造実績プロセスの流れ

計上する情報❶ 構成品出庫

構成品出庫では、モノを作るのに材料をいくら使ったかを実績計上します。
例えば、アルゴピザでは、

- 生地：1枚
- トマトソース：200g
- モッツァレラチーズ：8個

という構成品出庫実績を計上します。また、構成品出庫時には、

- 品目：生地
- 数量：1枚
- 保管場所：東京調布店の冷蔵庫
- ロット番号：2000000002

といった情報を入力します。構成品出庫実績を計上すると、指定した品目、数量、保管場所、ロットの在庫が減ります。

話はいったん横道にそれますが、**ロット**とは、在庫のグループのことです(ロットのことをご存じの方は、読み飛ばしてください)。ロットには、品質情報、製造日、有効期限日などの品目マスタよりも細かい情報を持たせることができます。

例えば、チーズを10kg×5袋購入し、同じタイミングでアルゴピザ東京調布店に入庫したとします。この10kg×5袋を「ロット番号：1000000001」とナンバリングします。そして「ロット番号：1000000001」の中の1袋を品質検査した結果、品質が悪いことが分かりました。そこで「ロット番号：1000000001」の品質情報をNGとし、生産に使えないようにした上で、ほかの4袋も含めて、仕入先に「ロット：1000000001(10kg×5袋)」を返品することにしました。

これはあくまでロットの使い方の一例ですが、ロットを使うことで在庫のグルーピングをすることができ、品目よりも細かい情報の管理をすることができます。

計上する情報❷ 生産品入庫

生産品入庫では、モノをいくら作ったかを実績計上します。

例えば、アルゴピザでは、

- マルゲリータピザ：1枚

という生産品入庫実績を計上します。また、生産入庫時には、

- 品目：マルゲリータピザ
- 数量：1枚
- プラント・保管場所：東京調布店のピザ保管用ホットプレート
- ロット番号：1000000001

といった情報を入力します。

生産品入庫実績を計上すると、指定した品目、数量、プラント、保管場所、ロットの在庫が増えます。生産品に対しても、同じようにロット番号を付与します。

図5 構成品出庫・生産品入庫のイメージ

宅配ピザ業界では、最終製品であるピザにあまりロットという考えを使いませんが、一般的な製造業では使います。

例えば、車のエンジンを製造している会社があったとします。この会社では、生産ラインで10個ずつエンジンを作っています。そのため、10個単位で同じロット（グルーピング）で生産品入庫計上します。

あるとき、エンジンを買ってくれたお客様からトラブルのクレームを受けました。調べてみると、同じロットで生産した他のエンジンにも不具合がある可能性があることが分かりました。そこで、同じロットのほかの9個のエンジンもリコールという形で、ほかのお客様からもエンジンを回収しました。

これはあくまでロットの使い方の一例ですが、生産品入庫でロットの情報を入力することにより、生産品の細かな情報も管理できるようになります。

計上する情報❸ 作業時間

作業時間では、モノを作るのにいくら作業時間がかかったかを実績計上します。アルゴピザでは、次のような作業時間実績を計上します。

- トッピング：5min
- オーブン焼き：15min

そして、作業時間を計上した際に作業が完了したことも合わせて入力します。この後、CO(管理会計)モジュールのところで詳しくお話しますが、作業時間を計上する理由は、加工費を計算するためです。

アルバイトでも、「時給」ってありますよね？　会社の生産でも、加工費に時給が割り振られていて、ピザを作るのに何時間かかり、時給がいくらなのでトータルの加工費はいくらだった、というのをCOモジュールで計算し、製造原価分析に使います。例えば、トッピングをする人の単価が1,200円/H だった場合、5min作業したので、トッピングにかかった加工費は100円、という計算になります。

また、SAPの標準機能にはありませんが、生産性分析にこの作業時間実績を使う企業もあります。例えば、「ピザのトッピングを平均5minのところ、今月は平均4minを目指そう！」というような生産性分析に使われます。

製造実績を計上するメリット

システムに製造実績を計上するメリットには、次の２つがあります。

- 在庫管理がリアルタイムに把握できる

● 製造原価を計算できる

生産入庫・構成品出庫をその都度、システムに入力することにより、在庫増減が**リアルタイム**で反映されます。在庫がリアルタイムに把握できることにより、MPS・MRP(所要量計算)の実行で、正確な生産計画数量を算出することができたり、生産担当者以外の人が生産の在庫状況を把握したりするのに役立ちます。そのため、生産で出庫したり、入庫したりするたびに、実績計上ができる運用検討をすることが重要です。

製造原価計算では、「構成品出庫(材料費)+作業時間(加工費)」から、生産入庫(生産高)がいくらになったかを計算することができます。SAPでは、PP(生産計画・管理)とCO(管理会計)が1つのシステムでつながっていることにより、生産実績をもとに原価計算が自動でできます。

多くの企業では、生産システムが単独で構築されていたり、オフラインで原価計算をしていたりするので、正しい製造原価情報を把握するのに時間がかかることが珍しくありません。しかし、SAPでは製造実績から原価計算までが一連の流れの中ででき、これがSAP導入のメリットの1つです。

5-2 PP(生産計画・管理)モジュールで使う組織

PPモジュールで使う２つの組織

PP(生産計画・管理)モジュールでは、次の２つの組織を使います。

❶ プラント
❷ 保管場所

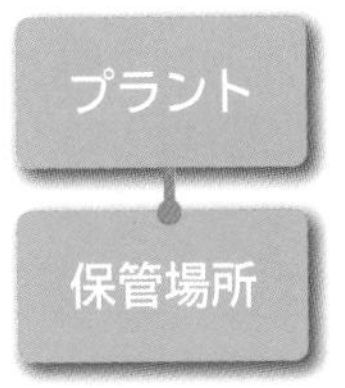

東京調布店、新宿店、池袋店など

冷蔵室、バックヤード、ピザカット台横など

図6 PPモジュールの組織関連図

組織❶ プラント

プラントは、在庫情報(在庫数量や在庫金額)を管理する組織です。また、プラントは品目マスタ登録のキーにもなります。

在庫数量や在庫金額の管理粒度をどう設定したいかは、MMモジュールのところでお話した通りです。PPモジュール視点で、プラントをまとめるか、複数に分けるかは品目マスタの設定をどうしたいかによります。同じマルゲリータピザという品目でも、プラントごとに製造日数、MRPタイプ、ロットサイズ、入庫保管場所などの設定ができます。

生産計画においては、次のような項目を設定します。

- どのようなMRPタイプを使うか？
- 在庫をどの順番に消費させるか？
- 生産するロットサイズ(いくつ単位)をいくらにするか？
- 製造の準備時間・処理時間・移動時間はいくらかかるか？

製造実績においては、次のような項目を設定します。

- 入庫するデフォルトの保管場所
- 構成品として出庫するデフォルトの保管場所
- バックフラッシュ有無(理論値の自動出庫を許可するか？)
- 連産品とするか？（1つの製造工程で、複数の品目ができるか？）

例えば、プラントを店舗ごとに分ければ、生産計画のもととなる情報や、製造実績計上のもととなる情報の設定が、店舗ごとにできます。店舗ごとに生産計画の考え方が異なる場合は、店舗ごとにプラントを分けて設定し、それぞれ品目マスタの設定をした方が有用です。入庫・出庫のデフォルト保管場所は異なるので、製造指図登録時、製造実績計上時にマスタから保管場所が自動でセットされるので、運用が楽になります。

ただし、プラントを店舗ごとに分けたことで、店舗ごとに品目マスタのメンテナンスをする必要があるため、プラントを1つにまとめて、アルゴピザ全体で共通設定とするのも1つの案です。

組織❷ 保管場所

保管場所は、プラントよりも細かい単位で在庫数量管理ができる組織設定です。PPモジュールでは、どこからの在庫を構成品出庫するか、どこへ在庫を生産品入庫するか、という製造実績のところで保管場所を使用します。

例えば、「オーブン横ライン」や「東通路の棚」、「冷蔵庫A」といった在庫を置く場所を保管場所として設定します。どのような粒度で在庫数量を見られるような管理をしたいかが、保管場所設定粒度の検討ポイントになります。

	管理対象	設定例	マスタ設定キー
プラント	在庫数量 在庫金額	東京調布 店舗 東大阪 工場 名古屋港 倉庫	○
保管場所	在庫数量	オーブン横ライン 東通路 棚 冷蔵庫 A	×

図7 プラント・保管場所の役割比較

Column SAPと英語

SAPは世界中で使われているシステムですが、実際のところ、英語は仕事で必要なのでしょうか？

答えは、「英語はできた方がいい。でも必須じゃない」です。

SAPをやっていると、こんなシーンで英語を使います。

①SAPの最新情報の収集
②バグ、対応方法の調査（古いものは、日本語訳された情報もあります）
③SAPサポートへの問合せ（日本語でも可ですが､英語の方がレスポンス速いです）
④オフショア拠点メンバーとのやり取り
⑤海外拠点へのSAP展開

⑤の海外展開以外は、読み書きがほとんどなので、中学・高校英語ができれば十分です。

とはいえ、今後は海外展開プロジェクトも増えてくるでしょうから、英語ができる人材は、どこの企業・プロジェクトからも引っ張りだこになるでしょう。

5-3 PP(生産計画・管理)モジュールで使うマスタ

PPモジュールで使う5つのマスタ

PP(生産計画・管理)モジュールでは、次の5つのマスタを使います。

❶品目マスタ
❷BOMマスタ
❸作業区マスタ
❹作業手順マスタ
❺製造バージョン

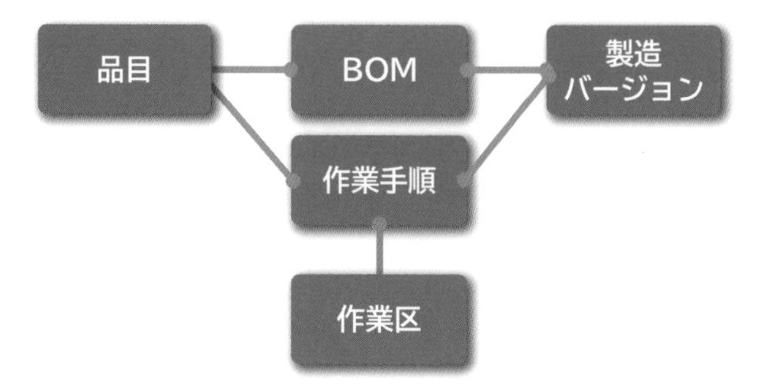

図8 PPモジュールのマスタ関連図

品目マスタは、生産入庫する単位(ピザ生地、マルゲリータピザ、マヨコーンピザなど)でそれぞれ登録します。

BOM・作業手順は、あらかじめ登録しておいた品目マスタを使用します。作業区は、作業手順登録時に紐づけ登録されます。

製造バージョンは、BOMと作業手順の紐づけ管理を行うマスタです。

マスタ❶ 品目マスタ

品目マスタには、製造する品目を設定をします。アルゴピザで言うと、ピザ生地、マルゲリータピザ、マヨコーンピザなど、生産して在庫管理をするモノ1つ1つを品目マスタとして登録していきます。

生産品目の場合、**MRPビュー・作業計画ビュー**の設定が必要です。設定では、

- どういう数量単位で生産するか？（例：製造単位 個）
- どういうロット数量単位で生産するか？（例：5個ずつ）
- ロット管理するか？
- ロットサイズをどうするか？
- どういうMRP計算ロジックを使うか？
- バックフラッシュ(理論値払出)を有効にするか？
- 生産したとき、デフォルトでどの保管場所に入庫するか？
- 能力計画における準備時間・処理時間をどうするか？

といった、生産に必要な情報を設定していきます。

MRPビュー・作業計画ビューでは、1つの品目でもプラントごとに設定をしていきます。プラントごとに生産計画の立て方、管理方針が異なるので、1つの品目を複数のプラントで生産する場合は、それぞれのプラント単位で設定をしていく必要があります。

マスタ❷ BOMマスタ

BOMとは、Bill Of Materialの略で、「部品表」や「配合表」とも呼ばれます。生産に使用する材料・半製品の構成情報をマスタ登録します。

例えば、マルゲリータピザを1枚生産するときの構成として、ピザ生地やトマトソース、モッツァレラチーズがいくら必要なのかを**BOMマスタ**に登録します。また、ピザ生地を1枚生産するときの構成として、小麦粉、卵、牛乳、水がいくら必要なのかをBOMマスタに登録します。

1つの生産品に対して、次の図のようにBOMマスタを1つずつ登録していきます(マルゲリータピザで1つのBOM、ピザ生地で1つのBOM)。

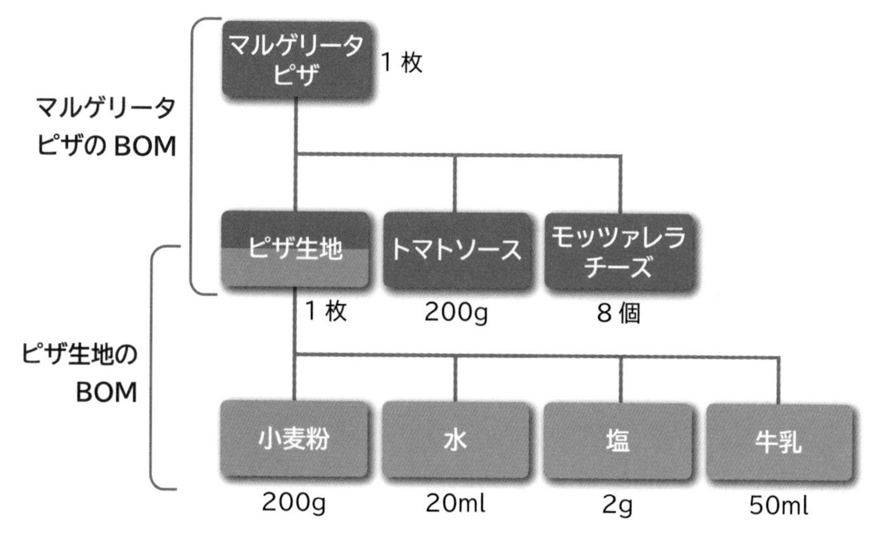

図9 BOMマスタの設定イメージ

BOMマスタがどういうケースに使われるかというと、生産計画で5枚マルゲリータピザが必要な場合、BOMマスタをもとに必要な生地、トマトソース、モッツァレラチーズの数量を算出します。製造実績では、マルゲリータピザを5枚作るのに、使用する構成品の数量が製造指図に登録されます。

マスタ❸ 作業区マスタ

作業区マスタには、作業場所や製造機器の生産能力、作業時間を入力する項目を登録します。アルゴピザで言うと、トッピングをする「調理カウンター」や「オーブン」を作業区として登録します。

例えば、調理カウンターには「生産能力：11時～22時(14時～15時は休憩)まで」「個別能力数(作業者数)：2人」と登録することで1日20時間の「生産能力」があることを設定します。

また、作業は人がするので、人が作業した時間を計上するための「人時間」という「作業時間計上項目」を設定します(オーブンの場合だと、例えば、機械時間を「作業時間計上項目」として設定します)。

作業区マスタは、生産計画で能力所要量を計算するための基準、そして加工費を計上する枠を作るためのマスタです。

調理カウンター	●人時間 ●11:00 ～ 22:00（14:00 ～ 15:00 は休憩） ●個別能力数：2 人 → 1 日 20 時間（10 時間 ×2 人）分の作業能力がある
保管場所	●機械時間 ●11:00 ～ 22:00 ●個別能力数：1 台 → 1 日 11 時間分の作業能力がある

図10 作業区マスタの設定イメージ

マスタ❹ 作業手順マスタ

作業手順マスタは、生産品を製造するのにどのような作業があるのか、それぞれの作業ごとにいくら時間がかかるのかを登録したマスタです。

例えば、マルゲリータピザを1枚作る作業手順は、1トッピング：5min、2焼く：10minという作業を登録します。作業手順マスタを登録しておくことで、生産計画で3枚のマルゲリータピザが必要な場合、作業手順マスタをもとに1トッピング：15min(5min × 3枚)、2焼く：30min(10min × 3枚)かかるので、能力負荷がどれだけかかるかを算出する元情報になります。

製造実績では、マルゲリータピザを3枚作るのに、「1トッピング：15min(5min × 3枚)、2焼く：30min(10min × 3枚)という作業順番で製造してね」という製造指図に登録されます。

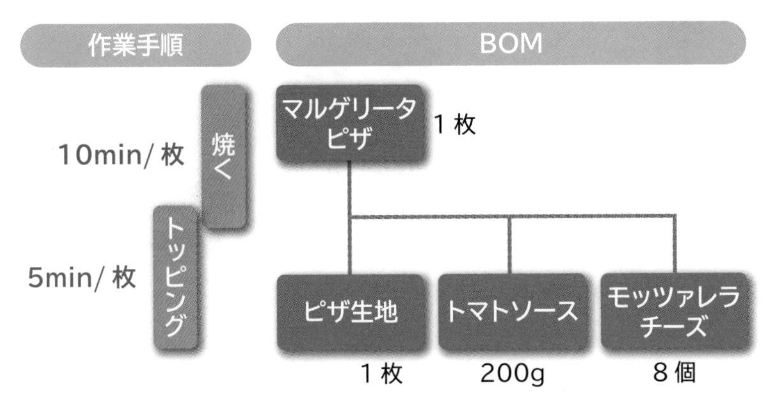

図11 作業手順マスタの設定イメージ

マスタ❺ 製造バージョンマスタ

製造バージョンマスタには、BOMマスタと作業手順マスタの組み合わせ情報を登録します。前提として、BOM、作業手順ともに、1つの生産品に対して複数個を登録できます。

例えば、BOMマスタでは、「マルゲリータピザに使用するモッツァレラチーズは通常8個だが、サービス期間中のモッツァレラチーズは10個」というように、モッツァレラチーズが8個のBOMと10個のBOMの2種類を登録することができます。

作業手順マスタでは、「オーブン1号機を使用した場合は10minで、オーブン2号機を使用した場合は12min」というように、2種類の作業手順マスタを登録することができます。

製造バージョンでは、BOM、作業手順をどの組み合わせで使用するかを登録します。たとえ、BOM、作業手順が1種類ずつの場合でも、必ず製造バージョンで組み合わせを登録してあげる必要があります。

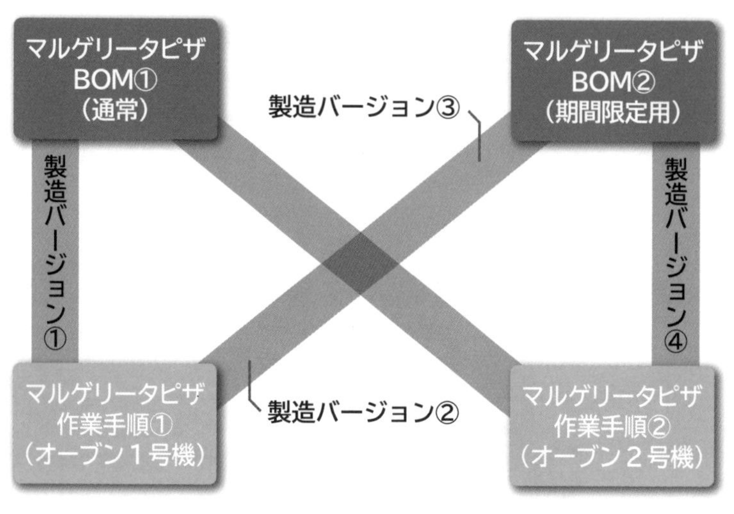

▲ 図12 製造バージョンマスタの設定イメージ

第6章

ピザの注文受付とピザの配達をしよう ── SD（販売管理）

SD（販売管理）モジュールは、製品の販売を管理するためのモジュールです。ピザを販売するには、注文を受け付け、ピザをお届けし、代金をいただきます。SAPではどのようなプロセスで販売を行うのかを解説していきます。

6-1 SD(販売管理)モジュールの業務

SDモジュールの３つの業務

SD(販売管理)モジュールには、次の３つの機能があります。

- 受注
- 出荷
- 請求

【販売プロセス】

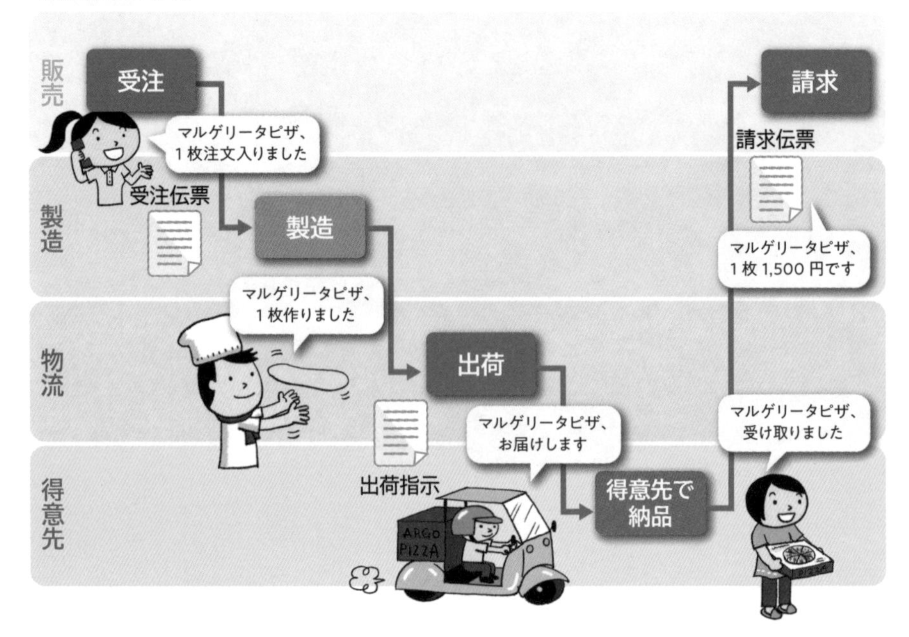

図1 販売プロセスの流れ

受注

受注は、得意先(お客様)からの注文を受付けることです。受注では、**受注伝票**を登録します。

受注伝票には、次のような情報を入力します。

- 品目
- 数量
- 納入日付
- 受注先
- 出荷先

アルゴピザでは、電話や店頭、ネットで注文を受付けし、注文情報をシステムに入力していきます。例えば、

- 品目:マルゲリータピザ
- 数量:1枚
- 納入日付:2021/8/1
- 受注先:佐須町の吉田さん
- 出荷先:佐須町の吉田さん

といった情報を入力します。そして、この受注を登録することにより、次の2つの計画が立てられるようになります。

❶生産計画
❷出荷日程計画

❶の「生産計画」は、PPモジュールのところでお話しした通り、受注生産型の場合は、受注伝票の品目・数量・納入日付をもとにMPS・MRP(所要量計画)が立てられます。

❷の「出荷日程計画」とは、受注伝票の納入日付(お客様への予定着日)をもとに、いつまでに品目を用意し、いつ自社から出荷すると納入日付に間に合うかを逆算

して算出します。

出荷日程計画には、次の５つの日付情報が登場します。

日付名	日付の意味	算出元情報
納入日付	得意先に納入する日付	受注伝票
出庫日付	自社から出庫する日付	配送時間
積載日付	出荷するために積載をする日付	積載時間
輸送計画日付	輸送計画を開始する日付	配送手段手配日数
品目利用可能日付	出荷する品目の在庫が用意できる日付	ピッキング/梱包時間

表1 出荷日程計画に使用する日程情報

出荷日程計画には、次の図のように受注伝票の納入日付から逆算されて、各日付が自動算出されます。

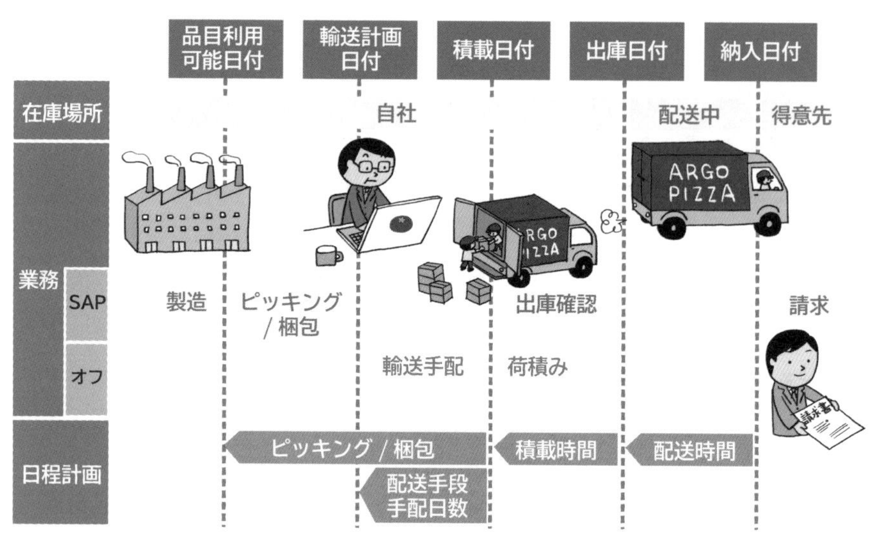

図2 出荷日程計画フローと日程の関係図

アルゴピザの場合は、受注を登録し、ピザを作って即出荷するので、SAPの出荷日程計画を使う必要はないでしょう。そのため、イメージしやすいように、ここではパソコン組み立て会社を例にお話します。

例えば、あなたがネットでパソコンを買ったとしましょう。ネットで注文するときに、お届け希望日(納入日付)を4/30と入力したとします。するとパソコン組み立て会社は、「納入日付：4/30」をもとに、逆算し、出荷の準備のための日付が算出します。

例えば、各日付の算出元の情報が下記のようだったとします。

- **配送時間：1日**
- **積載時間：0日**
- **配送手段手配日数：1日**
- **ピッキング/梱包時間：1日**

このときに、納入日付：4/30から算出される各日付はこのようになります。

- **出庫日付：4/29**(輸送に1日はかかるため、納入日付の1日前)
- **積載日付：4/29**(積載した日に出庫できるため、出庫日付と同じ日付)
- **輸送日程計画：4/28**(輸送日程計画には1日かかるため、積載日付の1日前)
- **品目利用可能日付：4/28**(ピッキング/梱包には1日かかるため、積載日付の1日前)

また、品目利用可能日付は、製造が完了しなければいけない日付です。上の例では、パソコン組み立て会社は、品目利用可能日付である4/28までにパソコン組み立てを完了しなければならないことになります。そのため、生産計画では、品目利用可能日付：4/28をもとに、MPS・MRP(所要量計画)を実行します。

出荷

出荷は、得意先(お客様)に製品をお届けする業務です。出荷では、**出荷指示伝票**を登録します。

出荷指示伝票には、次のような情報が登録されます。

- 品目
- 数量
- 出荷プラント・保管場所
- 納入日付
- 出荷先

出荷指示伝票は、基本的に受注伝票からコピーされて登録されます。1つの受注伝票に対して、1つの出荷指示伝票ということもありますし、出荷を分割したり、ほかの受注と合わせて出荷したりすることもあります。

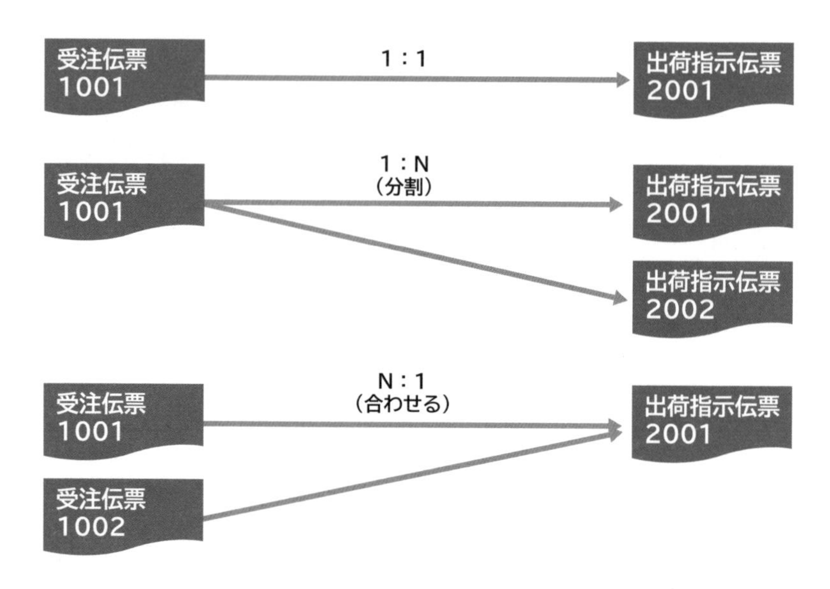

図3 受注伝票・出荷指示伝票の関係

「分割」は、1つの受注を何回かに分けて、出荷をすることです。例えば、ピザの出来上がり時間がズレるため、1枚目は13時に、2枚目は13時15分に出荷するというように、出荷指示伝票を2枚に分割します。

「ほかの受注と合わせる」とは、得意先から2件の受注もらっていて、納入日付、出荷ポイント、輸送経路が同じ場合、合わせて届けようとする場合に、1つの出荷にまとめてしまうことです。例えば、アルゴピザで同じ佐須町の吉田さんと小

杉さんから受注をもらっていたとします。このとき、

- 納入日付：本日(13時)
- 出荷ポイント(東京調布店)
- 輸送経路(東京調布店→佐須町)

といった3つの条件が同じため、吉田さんと小杉さんから受注したピザを1つの出荷指示伝票で一緒に配達をしようというのが「ほかの受注と合わせる」です。

また「出荷ポイント」とは自社の出荷場所のことで、「輸送経路」とは、ざっくり言うと自社の出荷ポイントからお届け地域までの経路のことです。

請求

請求は、得意先(お客様)にお金の請求をする業務です。請求では、**請求伝票**を登録します。請求後、お金をいただければ、FIモジュールにて入金処理をします。

請求伝票は、受注伝票や出荷指示伝票からコピーされて登録されます。宅配ピザ屋の場合は、ピザをお届けしたときに、お金をもらいます。そのため、請求→入金というのが、同時に行われるイメージです。

SAPでは、請求処理をすると、**売掛金**(うりかけきん)が計上されます。売掛金とは、MMモジュールのところでお話した買掛金の逆で、お客様側の「ツケ」みたいなものです。売掛金(ツケ)の計上は、将来、得意先からお金の支払いをしてもらうことを示すものです。そして、お金の支払いが行われると、売掛金が消し込まれ、現金が計上されます。

アルゴピザのようなB2C(Business to Customerの略で、企業と一般消費者の取引)を行う企業では、お届け時に現金でお支払いいただくので、請求→入金が即行われることが多いですが、B2B(Business to Businessの略で、企業から企業への取引)を行う企業では、得意先との契約により、「請求後、翌月末までに支払い」といった取り決めがされています。月中は売掛金で毎回計上しておき、月末に溜めておいた売掛金分をまとめて支払ってもらうということです。そのため、請求伝票も複数の受注伝票を1つに合わせて請求したり、分割したりすることができます。

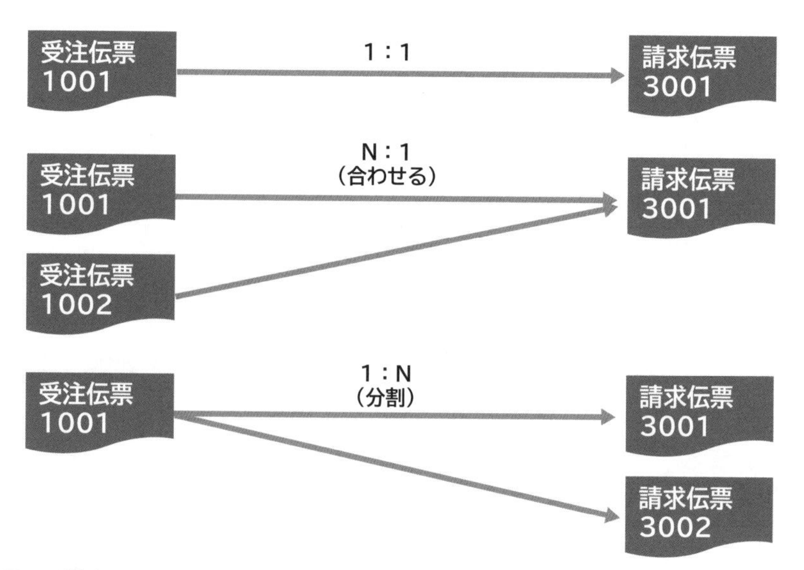

図4 受注伝票・請求伝票の関係

「請求伝票を合わせる」とは、複数の注文分のお金の支払いを月末にまとめるということで、イメージしやすいかと思います。

「分割」とは、1受注に複数の明細が含まれているケースで使用されます。例えば、1回の注文（1受注）で、次のような注文が入っていたとします。

- 明細1：ピザ10枚を3/31にお届け
- 明細2：ピザ20枚を4/1にお届け

この場合、明細1は4月末に支払ってもらい、明細2は5月末に支払ってもらうことになるので、1受注を2請求に分割することになります。

6-2 SD(販売管理)モジュールで使う組織

SDモジュールで使う4つの組織

SD(販売管理)モジュールでは、次の4つの組織を使います。

❶販売組織
❷流通チャネル
❸製品部門
❹出荷ポイント

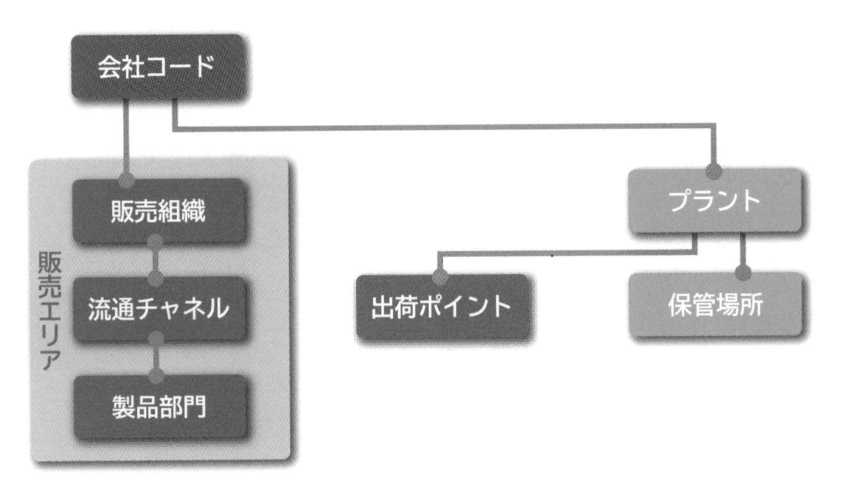

図5 SDモジュールの組織関連図

組織❶ 販売組織

販売組織は、商品やサービスの流通、販売条件、製造などの責任の範囲単位で設定します。販売組織は、会社コードに対して、複数設定ができます(会社コード:販売組織＝1：N)。同じマスタでも販売組織単位に固有のマスタ設定が可能です。例えば、品目マスタでは販売組織ごとに販売数量単位、明細カテゴリグループ、税コードなどの固有設定が可能です。その他にも、BPマスタ(得意先マスタ)、得意先/品目情報レコード、条件レコードなどが、販売組織ごとに設定値を持たせることができます。

また、販売実績などのレポートを、販売組織ごとに分析ができます。

例えば、アルゴピザでは「アルゴピザ」という会社コードに対し、「アルゴピザ 東日本」と「アルゴピザ 西日本」でピザの流通や販売条件が完全に分離している場合は、1会社コードに対して、2つの販売組織を設定します。販売部署の管轄が完全に分かれている場合は、販売組織を分けて登録すると、マスタをそれぞれ管理したり、分析がしやすくなったりします。

販売組織もプラントや購買組織と同じで、分けるとマスタメンテナンスが大変になります。そのため、どうしても分けてマスタの固有設定をしなければならない場合のみ、複数の販売組織を使い分けるようにします。

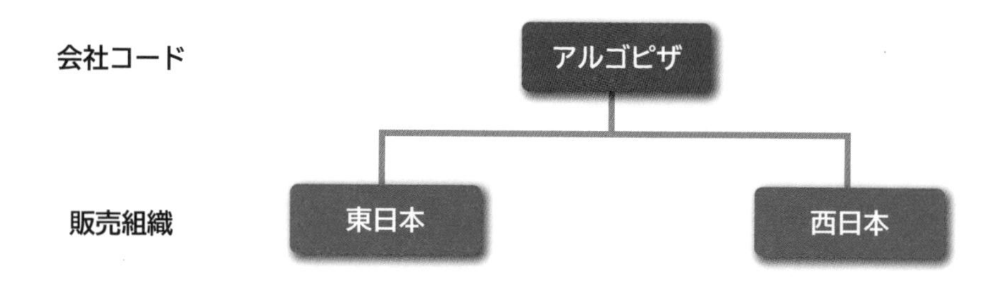

- 販売組織ごとに各種SD関連マスタの設定が可能
- 販売組織ごとの分析が可能
- 分割しすぎると、マスタメンテナンスが煩雑になる

図6 販売組織設定イメージ

組織❷ 流通チャネル

流通チャネルは、商品やサービスの販売経路を表します。流通チャネルごとに、販売の責任や価格設定が可能です。

例えば、アルゴピザでは「電話」「ネット」「店頭」で流通チャネルを分け、それぞれ別の価格設定ができます。ネット注文だと人件費がかからないので5%off、店頭だとお持ち帰り50%off(半額)にするなどの設定ができます。

また、販売組織と同様に販売実績などの分析のキーとして使用できます。ポイントは、販売組織よりも細かい単位でマスタを設定できることで、分析したい場合には流通チャネルを分割して登録します。

流通チャネルもほかの組織設定と同じで、分けすぎるとマスタメンテナンスが煩雑になるので、メンテナンス性も考慮した上で、設定粒度を決めていきます。

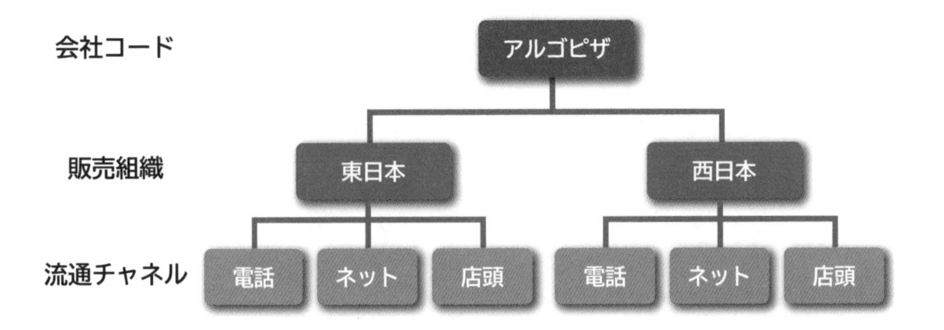

・販売組織よりも細かいマスタを設定・分析したい場合に分割
・分割しすぎると、マスタメンテナンスが煩雑になる

図7 流通チャネル設定イメージ

組織❸ 製品部門

製品部門は、製品グループを表します。

例えば、アルゴピザでは、「ロングセラーピザ」「期間限定ピザ」「サイドメニュー」といったように設定し、価格設定や販売実績分析の軸に使ったりできます。

製品部門も、販売組織・流通チャネルと同様に、SD関連マスタのキー項目になります。そのため、分類しすぎるとマスタメンテナンスが煩雑になるので、メンテナンス性も考慮した上で設定粒度を決めていきます。

また、販売実績の分析をある程度のグループで実施したい場合には、品目マスタに「品目グループ」や「品目階層」といった設定項目があります。そのため、SDマスタに影響する「製品部門」を販売実績分析の軸に使うのではなく、「品目グループ」や「品目階層」を分析の軸として使うプロジェクトもあります。

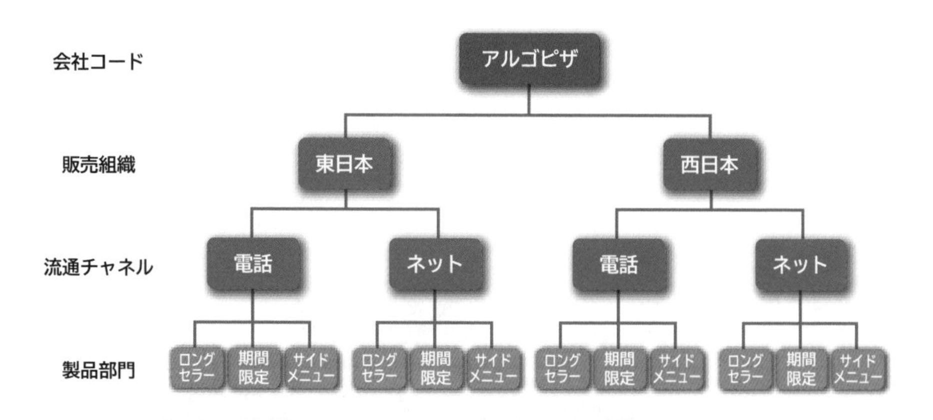

図8 製品部門設定イメージ

販売エリア

販売エリアとは、〈販売組織〉→〈流通チャネル〉→〈製品部門〉の組み合わせのことです。

例えば、次の図のように〈アルゴピザ 東日本〉→〈電話注文〉→〈ロングセラーピザ〉の組み合わせを販売エリアと呼びます。

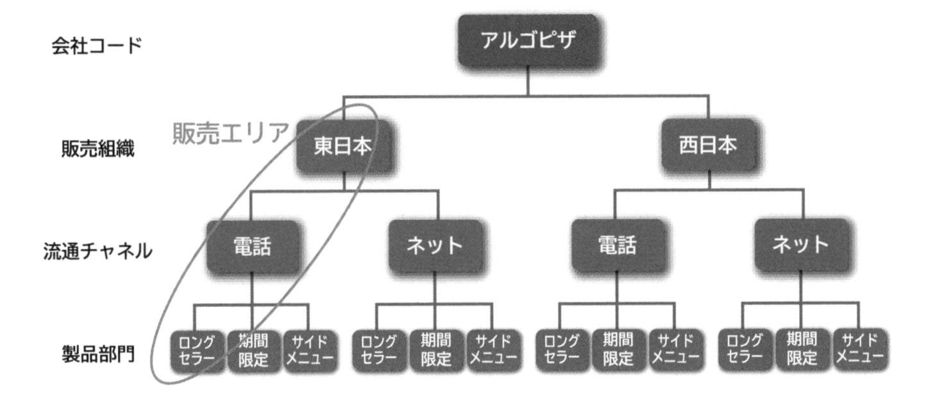

図9 販売エリアとは

販売組織や流通チャネル、製品部門で組織設定を細かくすることで、組織ごとに品目マスタやBPマスタ（得意先マスタ）の設定で固有の設定値を持たせることができたり、販売レポートの分析ができたりするとお話ししてきました。まとめると、SD関連のマスタやトランザクションは、販売エリア単位で登録･設定でき、販売レポートの分析ができます。

ただし、販売エリアの設定を細かくすると、2つのデメリットがあります。

❶ マスタ登録時に、販売エリア単位で設定できる項目があるため、販売エリアが多いとマスタ設定量が膨大になる
❷ 会社の組織変更がある場合、登録されているトランザクションの取消・再登録や、マスタ修正など、膨大なメンテナンス作業が発生する

上記2点の理由から、販売エリアをシンプルに設定する会社が多くなっています。理由①のマスタ登録は、初期登録数が多くなるだけですが、理由②はマスタの変更に加え、すでに変更前の販売エリアで登録されている受注伝票、出荷指示伝票、請求伝票の修正（削除＆再登録）をしなければなりません。

とはいえ、販売実績のレポートの分析を細かくしたいという要望はあります。分析軸を細かくしたい対応案として、例えば、他の項目で集計するなどの対応が考えられます。

組織❹ 出荷ポイント

出荷ポイントは、プラント内のどこから出荷するかの場所を設定します。

出荷ポイントは、出荷指示伝票登録のときに指定が必要です。ほとんどの会社では、プラント：出荷ポイントは、1：1もしくは1：Nの紐づけをします。

宅配ピザ屋の店舗は小さいので、あまり出荷ポイントを複数設定しないですが、例えば、アルゴピザ東京調布店を1プラントとし、東京調布店の東口と西口をそれぞれ出荷ポイントとして設定したとします。このときに東口の出荷ポイントから出荷するのか、西口の出荷ポイントから出荷するのか、といった使い方をします。

例えば、極端ですが、アルゴピザが東京ドーム1個分の広さを持つ「冷凍ピザ専門宅配店」を持っていたとします。敷地には、4つの冷凍ピザ保管倉庫があります。その場合、敷地(プラント)のどこの倉庫(出荷ポイント)から出すのかを分けて管理したい場合に、出荷ポイントを分けて登録します。倉庫ごとに出荷担当者が違うので、出荷ポイントを分けることで担当者が自分のタスクだということが一目で分かります。

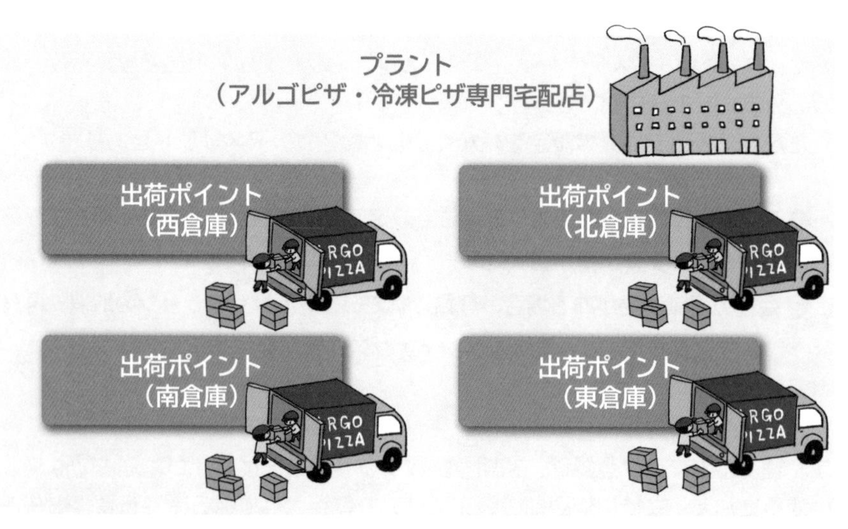

図10 出荷ポイント設定イメージ

また出荷ポイントでは、次のような設定ができます。

- 稼働日カレンダーの割当
- 出荷日程計画のための「積載時間」「ピッキング/梱包時間」「配送手段手配日数」の時間設定

これは受注業務のところでお話した「出荷日程計画」を実行するための重要なキー項目になります。

- 「出荷ポイント：南倉庫」の稼働日カレンダーでは4/15はお休みだから、1日前倒しで計画する
- 「出荷ポイント：東倉庫」の積載時間は1H(時間)、ピッキング/梱包時間は2H、配送手段手配日数は1日

といったことが、出荷ポイントの設定内容から出荷日程計画に影響します。

また、マスタに出荷ポイントの設定をすることで、自動で受注伝票や出荷指示伝票に出荷ポイントを設定することができます。

下記の3つのマスタに出荷ポイントの設定が可能です(それぞれのマスタの詳細については、次の節で詳しくお話しします)。

❶得意先/品目情報レコード
❷BPマスタ(得意先マスタ)
❸品目マスタ

受注伝票・出荷指示伝票を登録するときに、❶～❸に設定されてある出荷ポイントを読み込み、出荷ポイントを自動で伝票に設定します(設定値の優先度は、❶→❷→❸の順番です)。

得意先や品目ごとに、担当する出荷ポイント(倉庫など)を設定し、伝票登録時に自動導出ができます。

6-3 SD(販売管理)モジュールで使うマスタ

SDモジュールで使う5つのマスタ

SD(販売管理)モジュールでは、次の5つのマスタを使います。

❶BPマスタ(得意先マスタ)
❷品目マスタ
❸得意先/品目情報レコード
❹条件レコード
❺出力マスタ

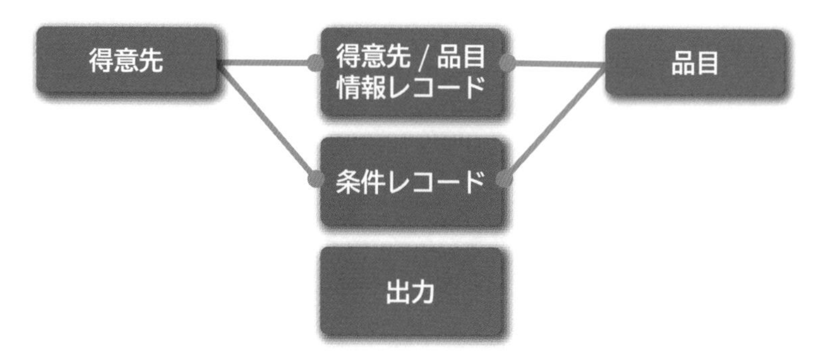

図11 SDモジュールのマスタ関連図

BPマスタ(得意先マスタ)と品目マスタは、使用する分をそれぞれ登録します。

得意先/品目情報レコード、条件レコードは、BPマスタ(得意先マスタ)と品目マスタの紐づけにより設定をしていきます。

出力マスタは、受注伝票、出荷伝票、請求伝票ごとに個別で設定をしていきます。

マスタ❶ BPマスタ(得意先マスタ)

BPマスタ(得意先マスタ)とは、お客様のことです。

アルゴピザで言うと、ピザを販売する顧客がBPマスタ(得意先マスタ)にあたります。また、対会社と取引をしているB2Bのような会社であれば、販売先の会社がBPマスタ(得意先マスタ)にあたります。

BPマスタ(得意先マスタ)には、

❶一般設定項目
❷会社コード別設定項目
❸販売エリア別設定項目

という3種類の設定箇所があります。

設定項目❶ 一般設定項目

一般設定項目は、会社コードや販売エリアの違いに関係なく、共通する項目の設定をします。

- BPコード
- 得意先名称
- 住所
- 電話番号 など

設定項目❷ 会社コード別設定項目

会社コード別設定項目は、会社コードごとに分けて登録する必要のある項目の設定をします。

- 会社コード
- 統制勘定コード
- 支払条件

- 督促処理
- 転記ブロック など

設定項目③ 販売エリア別設定項目

販売エリア別設定項目は、販売エリアごとに分けて登録する必要のある項目の設定をします。

- 販売組織
- 流通チャネル
- 製品部門
- 換算レートタイプ
- 出荷優先順位
- 出荷条件
- インコタームズ など

アルゴピザの場合は、得意先は個人のお客様になりますが、B2Bのような会社では、取引会社が得意先となります。また、状況によっては、BPマスタ（得意先マスタ）は取引会社よりも、もっと細かいレベルで設定をすることもあります。例えば、取引会社の支店レベル、部署レベル、担当者レベルなど、各販売先のコンタクト情報や支払方法などによって、会社よりも細かいレベルで設定をします。

例えばエンジン組み立て会社の場合、エンジンの販売先が自動車企業Aの「埼玉工場」なのか、「東大阪工場」なのかで拠点も部署も担当者も異なります。このような場合には、同じ自動車メーカーでも、BPマスタ（得意先マスタ）を拠点や部署、担当者ごとに複数に分けて登録します。

また、これら別々に登録したBPマスタ（得意先マスタ）を「取引先機能」という機能を使って、BPマスタ（得意先マスタ）同士の関連性を持たせることができます。

例えば、受注先が「A社」だった場合、

- 出荷先には、「A社 埼玉工場」「A社 東大阪工場」
- 請求先には、「A社 埼玉工場」「A社 東大阪工場」
- 支払人には、「A社 本社経理部」「A社 埼玉工場経理部」「A社 東大阪工場経理部」

といった紐づけができる機能です。

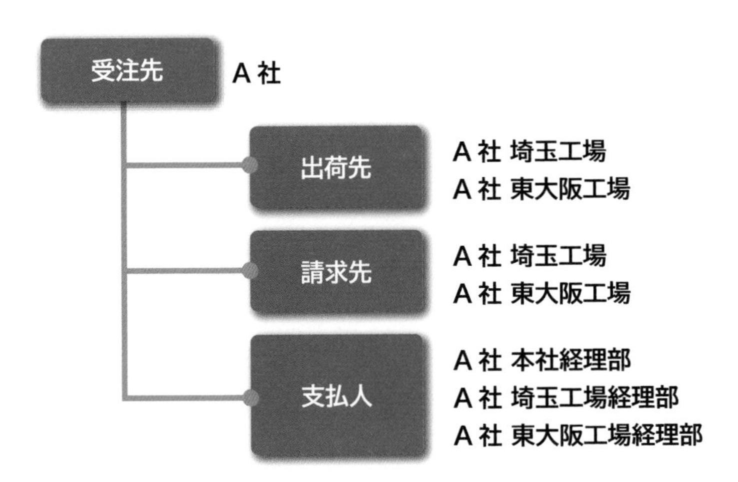

図12 取引先機能のイメージ

マスタ❷ 品目マスタ

品目マスタは、販売する品目の設定をします。

例えば、アルゴピザで言うと、マルゲリータピザ、マヨコーンピザ、ポテトSサイズなど、販売するピザやサイドメニュー１つ１つを品目マスタとして登録します。

販売品目の場合、「販売組織ビュー・販売：一般/プラントビュー」の設定が必要です。設定では、

- どういう数量単位で販売するか？（例：販売単位 個）
- どのプラントから出荷するか？
- 販売ステータスは何か？（例：開発中、生産中止）
- 明細カテゴリグループは何か？（例：受注生産）
- 利用可能在庫確認はするか？（例：納入日付に対し、在庫の有無をチェック）
- 輸送グループをどれにするか？

といった、販売に必要な情報を設定していきます。

販売組織ビューでは、1つの品目でも販売エリア(販売組織、流通チャネル、製品部門)ごとに設定をしていきます。販売組織ビューは、主に価格設定や税分類、販売ステータスなど、販売組織ごと(営業部門)固有の設定をする項目があります。例えば、販売組織を東日本、西日本と分けて登録している場合は、東日本、西日本でそれぞれの設定値を品目マスタの販売組織ビューに登録することができます。

販売:一般/プラントビューでは、1つの品目でもプラントごとに設定をしていきます。例えば、店舗ごとにプラントを登録している場合、店舗それぞれの設定値を品目マスタの販売:一般/プラントビューに登録することができます。販売:一般/プラントビューは、プラント固有である利用可能在庫確認の有無や、出荷に関連する輸送グループ、積載グループなどの設定項目があります。

マスタ❸ 得意先/品目情報レコード

得意先/品目情報レコードは、〈得意先〉×〈品目〉×〈販売組織〉×〈流通チャネル〉単位でマスタ設定をします。

使い方は、マルゲリータピザを吉田さんと小杉さんに販売する場合、得意先/品目情報レコードにて、

- 〈得意先:吉田さん〉×〈品目:マルゲリータピザ〉の設定
- 〈得意先:小杉さん〉×〈品目:マルゲリータピザ〉の設定

といった設定が可能です。

得意先/品目情報レコードでは主に、

- 得意先品目コード
- 最小納入数量
- 分割最大回数
- 過少納入許容範囲
- 過剰納入許容範囲

といった具合に、同じ品目でも得意先ごとに異なる設定値の登録を設定します。

例えば、マルゲリータピザの販売を、吉田さんには「最小納入数量:1個」、小

杉さんには「最小納入数量：2個」といったような設定ができます。

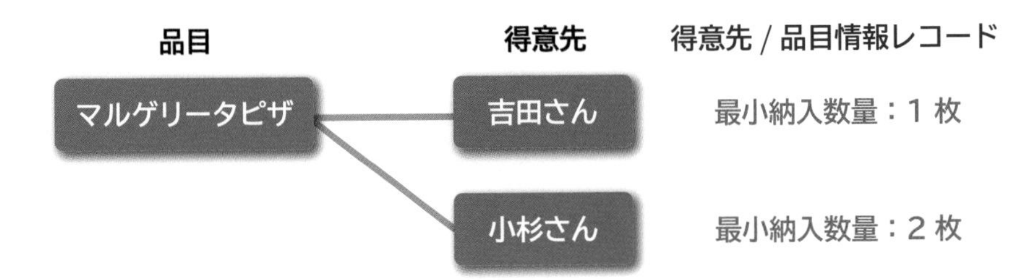

△ 図13 得意先／品目情報レコードの設定例

マスタ❹ 条件レコード

条件レコードとは、価格マスタのことです。MM（調達・在庫管理）の条件レコードは買値ですが、SD（販売管理）では売値です。

条件レコードも得意先/品目情報レコードと同様に、〈得意先〉×〈品目〉×〈販売組織〉×〈流通チャネル〉単位でマスタ設定をします。考え方も得意先/品目情報レコードと同じで、同じ品目マスタですが、BPマスタ（得意先マスタ）ごとに価格設定を分けたい場合に使えるマスタです。

例えば、マルゲリータピザを吉田さんと小杉さんへ販売するとします。

小杉さんは、常連客で通常価格から5%割引されるとします。その場合、条件レコードには、次のような設定ができます。

- 〈得意先：吉田さん〉×〈品目：マルゲリータピザ〉の価格マスタ
  → 正味価格：1,200円/個
- 〈得意先：小杉さん〉×〈品目：マルゲリータピザ〉の価格マスタ
  → 正味価格：1,200円/個、割引：5%off

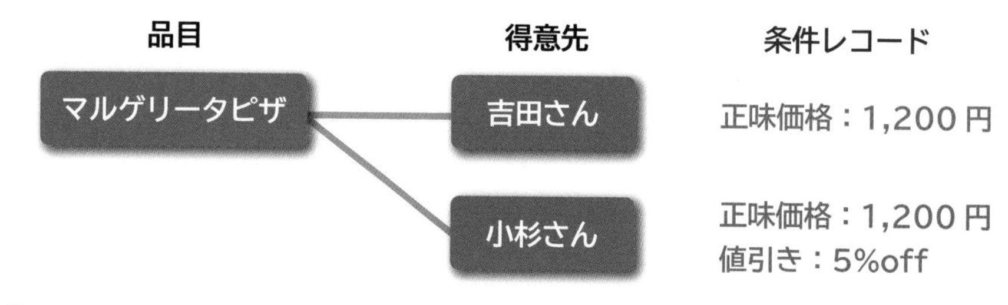

図14 条件レコードの設定例

SDモジュールの条件レコードは、MMモジュールの条件レコードと同様に、正味価格や運賃、値引きなどの設定ができます。「追加料金/値引き」に関してスケールを使用し、パーセントや数量依存、金額依存にて金額増減が可能です。

例えば、数量依存の場合、

- 5個以上お買い上げの場合、5%off
- 10個以上お買い上げの場合、10%off

といった価格のスケール設定が可能です。

マスタ❺ 出力マスタ

出力マスタとは、SDモジュールの伝票(受注伝票・出荷指示伝票・請求伝票)を、

- どのタイミングで(即時、時間起動など)
- どういった方法で(印刷、EDI、メールなど)

といった内容を設定します。

宅配ピザ屋の配達員は、何を見て、あなたの家まで来ているかご存じでしょうか？　配達員は、印刷された「出荷指示伝票」に記載されている住所を見て、あなたの家まで配達しています。

では、出荷指示伝票はどのタイミング・どういった方法で・どこに出力されるのでしょうか？　宅配ピザ屋では、次のように出荷指示を出力します。

- どのタイミングで：注文を受けたとき
- どういった方法で：紙に印刷

受注伝票も請求伝票も同じ考えで、宅配ピザ屋の各担当が何の注文を受けたのか、何を請求しなければいけないのかがすぐに分かるように紙に出力して使います。また、紙の代わりにデータで連携することもあります。

今は、スマホでも注文することができます。例えば、宅配サービス業者のスマホアプリからピザを注文したとしましょう。その場合、アルゴピザのSAPから、宅配サービス業者のモバイルシステムに請求情報が連携されます。

自社システムから、社外のシステムへのデータ連携を**EDI**(Electronic Data Interchange)と言います。EDIを使って、社外システムにアルゴピザのデータを連携することができます。

SDモジュールのデータは、社内のみならず、社外の人にも連携することもあります。社外の人向けの出力マスタも設定する可能性があることも覚えておきましょう。

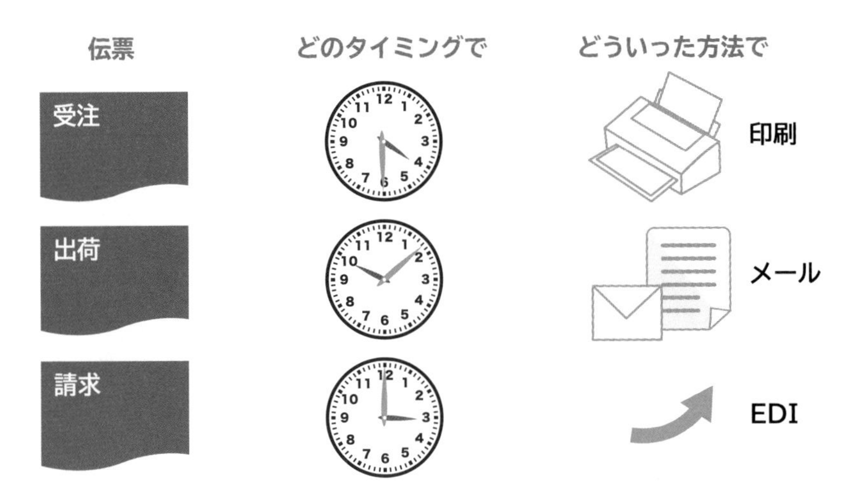

図15 出力マスタの設定イメージ

Column SAPコンサルとリモートワーク

これまでのSAP導入プロジェクトは、SAPコンサルが客先に常駐し、Face to Faceで要件定義をしたり、設計レビュー、受入テストをしたりとクライアントと同じオフィスでプロジェクトを進めることが通常でした。

しかし、2020年以降、新型コロナの影響で客先から出社NGが出て、リモートワークでプロジェクトを進めることが推奨されるようになりました。実際に、私の会社の多くのプロジェクトでもリモートワーク対応でした。

Face to Faceでこれまで仕事をしてきたので、「進捗が遅れるだろうなぁ……」と誰もが思っていましたが、コミュニケーションをTeamsなどのビデオ会議やチャットツールを駆使して密に連携したり、会議資料の精度を上げて、無駄な会議をしないようにしたり、ちょっとした工夫をするだけで、やってみたら案外順応できるものでした。

確かに新卒や途中からプロジェクトに参画したメンバーからすると、顔も合わせたことのない人たちと仕事をしなければならず、ストレスを抱えてしまう人もいました。彼らへのケアをしっかり対応し、プロジェクトにスムーズに参画できるように巻き込んでいくことは課題でもあります。

しかし一方で、通勤ラッシュに巻き込まれることもなくなり、家族との時間も増え、家でSAPコンサルの仕事ができることが分かったことは、自由な働き方が謳われている現代にとって、大きな出来事です。

また、最近の流行りのノマドプログラマーみたいに、今後はカフェや海外にいながら働くノマドSAPコンサルのような人が出てくるのかな、なんて思っています。

第7章

店舗のお金を管理しよう ー FI（財務会計）

FI（財務会計）モジュールは、社外に会社の財務状況を報告するためのモジュールです。

社外に報告するために、B/S（貸借対照表）、P/L（損益計算書）といったレポートを最終的に作成します。FIモジュールは、経営に必要な財務情報が集まってくるモジュールです。SAPではどのような会計業務があるのかを解説していきます。

7-1 FI(財務会計)モジュールの業務

FIモジュールの4つの業務

FI(財務会計)モジュールは、次の4つの機能があります。

- 債権
- 債務
- 総勘定元帳
- 固定資産

【財務会計業務】

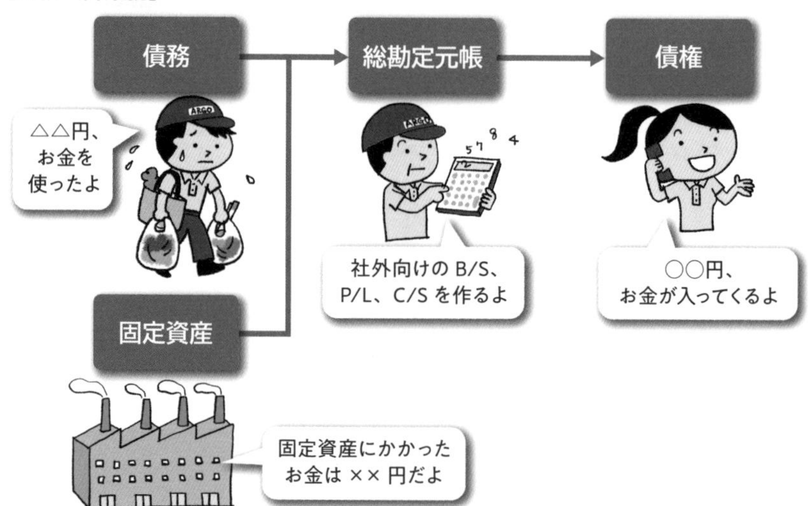

図1 財務会計業務の関連図

債権

債権とは、「お金をもらう権利」のことです。会社が商品を販売すると、お客様からお金をもらう権利(債権)が発生します。

例えば、アルゴピザでお客様がツケでピザ代を支払ったとします。ツケで支払ったので、アルゴピザには実質現金はまだ手元に入ってきていません。これが前にお話しした**売掛金**です。

売掛金とは、モノは売ったので、これからいくらお金が入ってきますよ、ということを示すものです。そして後日、お客様からツケ分の現金を支払ってもらいます(実際の宅配ピザでは、ツケはあり得ませんが、B2B取引をしている会社の場合は、ほとんどが売掛金(ツケ)で支払いをします)。

図2 請求から入金までの流れと仕訳イメージ

身近な例で言うと、クレジットカード決済は売掛金の一種です。クレジットカード決済時に、現金は銀行口座から引き落とされませんが、翌月に1カ月分のクレジットカード決済がまとめて引き落とされます。お店側から見ると、クレジットカード決済時には売掛金で計上され、翌月支払い時に売掛金を消し込んで、現金が計上されます。

売掛金は、将来回収しないといけないお金があるということを示すものです。債権の業務では、経理担当がお客様からもらった現金をシステムに計上し、売掛金を消し込んだり、売掛金のまま残っていたら、支払ってもらうように督促をしたりします。

債権の勘定には売掛金以外にも、受取手形、未収入金などがあります。

債務

債務は債権と逆で、「お金を支払う義務」のことです。会社では、材料やサービスを買うと、お金を支払う義務(債務)が発生します。

例えば、アルゴピザが小麦農家からツケで小麦粉を買ったとします。この買ったときのツケが**買掛金**です(売掛金の逆です)。ツケは、いずれお金の支払いをしないといけないので、小麦農家とあらかじめ契約で決めておいた期日までに現金支払いをします。

図3 請求書照合から支払いまでの流れと仕訳イメージ

なぜ即現金で支払わずに、買掛金を使うのでしょうか。それは小麦粉を買って、ピザを作って、お客様に売って、アルゴピザがお客様から現金をもらうまでリードタイムがあるからです。ピザを買ってくれたお客様から現金が入らないと、農家へ現金の支払いをできないこともあります。

現金が潤沢な会社はいいですが、モノを仕入れてから儲けになるまで、ほとんどの会社では時間がかかります。そのため、買掛金・売掛金という形で、現金の支払いを遅らせることを多くの会社間取引でしています。

債務の勘定には買掛金以外にも、支払手形、未払金などがあります。

総勘定元帳

総勘定元帳(そうかんじょうもとちょう)では、会社のすべての会計取引を記録します。債権はピザを売ったとき、債務は材料を買ったときの業務だとイメージしやすかったと思います。

総勘定元帳は、すべての会計取引を記録すると言いますが、すべての会計取引とは、売り・買い以外のほかにどのような会計取引があるのでしょうか？
製品売り・材料買い以外の会計取引の例として、

- 会社の備品の購入費
- 店長たちのマネージャー研修費
- 社員の交通費や出張旅費
- 広告費(チラシやCM)
- 宅配バイクのメンテナンス費

といったものが挙げられます。
ピザに直接関係のないお金の取引も総勘定元帳ではすべて管理するため、経理担当がその都度、システムに会計取引の記録を入力します。

話は若干それますが、これらの会計伝票を逐一システムに入力するのは手間です。そのため、これら費用などを計上する周辺システムを導入し、SAP ERPと連携する会社も多くあります。例えば、SAP社からも、

- Concur(コンカー)：経費管理システム
- Ariba(アリバ)：間接材購買システム
- Fieldglass(フィールドグラス)：外注要員・契約社員管理システム

といったシステムの提供をし、ピザに直接関係のない会計データの入力や管理を容易にしています(Concur、Ariba、Fieldglassの詳細な説明は、12章の「2027年から②SAP社の周辺システム」でお話しします)。

話をFIモジュールの総勘定元帳に戻しましょう。期末には、総勘定元帳をもとに決算処理をし、B/S(貸借対照表)、P/L(損益計算書)を出力します。
アルゴピザでも四半期に一度、決算処理をし、B/S、P/Lなどの各種レポートを出すようにしています。これらレポートを社外に向けて出すことにより、アルゴピザの経営状況をお知らせしています。

固定資産

固定資産とは、会社の土地や建物、製造設備、ソフトウェア、特許権など、長期にわたって所有し、事業を行うために使用する資産のことです。固定資産の業務では、固定資産の取得、減価償却、売却/除却などの取引を記録します。

例えば、アルゴピザで新しく店舗を建てるために、土地を購入した場合、固定資産の取得として資産マスタに登録します。また、月次処理で減価償却処理をしたり、月中に閉店した店舗の土地を売れば、売却処理をしたりします。

固定資産で出てくる**減価償却**とは、設備取得などの費用を一定期間に配分することを言います。

例えば、180万円の社用車を購入した場合、法律で耐用年数が3年と決められているので、1年に60万円(180万円÷3年)ずつ減価償却費として計上されます。

固定資産は、「長期にわたって所有する」という考えから、180万円を購入したその年の経費として落とすのではなく、3年間に分散して経費計上するという考えに基づいています(車の耐用年数は3年ですが、パソコンは4年、食料品製造業用設備は10年など、国によって決められています)。

また、固定資産は建物や大型設備など、すぐに購入できるものではなく、建てたり、導入したりするまで時間がかかるものもあります。

このようにまだ固定資産として完成はしていないが、前払いなどでお金が出ていくケースがあります。このときにSAPでは「建設仮勘定」という勘定科目を使って費用計上をします。そして完成したら、固定資産を計上し、建設仮勘定を消し込むような処理をします。

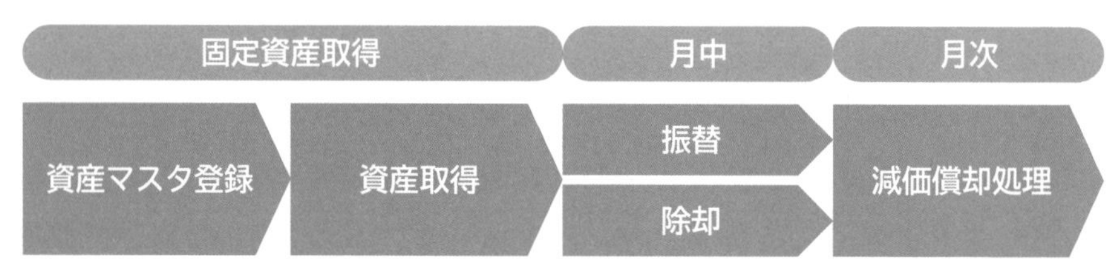

図4 固定資産プロセス

7-2 FI(財務会計)モジュールで使う組織

FIモジュールで使う４つの組織

FI(財務会計)モジュールでは、次の４つの組織を使います。

❶会社コード
❷事業領域
❸セグメント
❹利益センタ

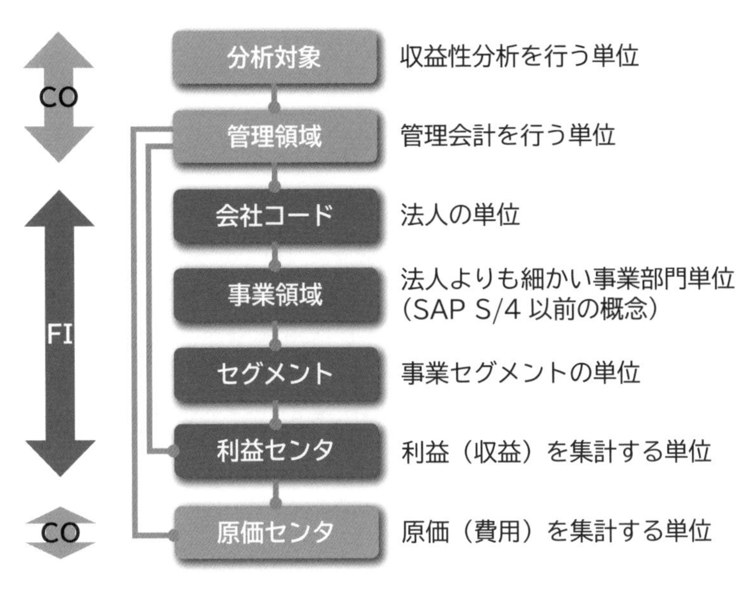

図5 FIモジュールの組織関連図

FIモジュールの組織と言っても、CO(管理会計)モジュールとも結びつきが深いので、第8章で解説するCOモジュールの組織も合わせて理解しておくとベターです。

組織❶ 会社コード

会社コードは、法人の単位で設定します。会社コードごとに財務諸表(B/SやP/L)を作成する仕組みになっています。

例えば、アルゴピザが日本だけでなく、アメリカや中国などの海外にも展開し、現地法人があったとします。その場合、「アルゴピザ・ジャパン(株)」「アルゴピザ・アメリカ(株)」「アルゴピザ・チャイナ(株)」というように、会社単位で会社コードの設定をしていきます。法人ごとに会社コードを設定することにより、1つのSAPというシステムの中で、国内グループ会社や海外現地法人も含めた関連企業すべてを管理することができます。

実際にSAPを使っている大企業は、国内・海外の関連企業すべてをSAPで管理し、グローバル統一のプラットフォームとして活用しているところも多くあります。

また会社コードは、FI、COのみならず、MM(調達・在庫管理)やSD(販売管理)の組織やマスタ設定のキーにもなります。

組織❷ 事業領域

事業領域は、会社コードよりも細かい単位で財務諸表を作成したい場合に設定します。会社コードに対し、事業領域を1:Nで紐づけることができます。

例えば、アルゴピザ・ジャパン(株)の下に「宅配事業部」と「冷凍ピザ事業部」という事業領域を設定することができます。「アルゴピザ・ジャパン 宅配事業部」では宅配ピザ事業の財務諸表を、「アルゴピザ・ジャパン 冷凍ピザ事業部」では冷凍ピザ事業の財務諸表を作成することができます。

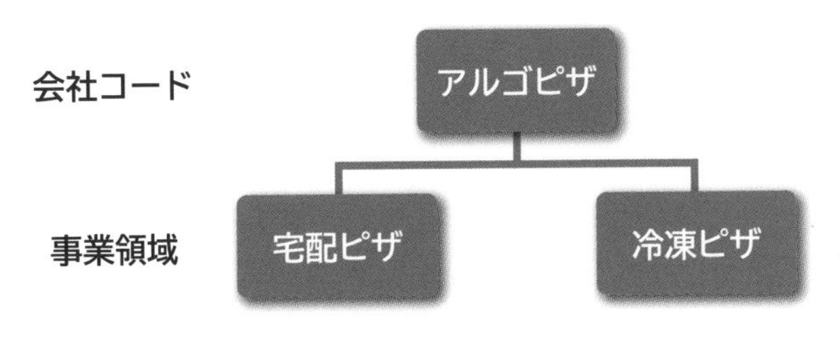

図6 事業領域設定イメージ

ただし、1つ注意が必要なのが、事業領域はSAP S/4HANA以前のコンセプトで、SAP S/4HANA以降のバージョンでは機能拡張されないことになっています。そのため、これからSAPを導入する場合は、事業領域を下記に説明する「セグメント」「利益センタ」「利益センタグループ」で表現することをおススメします。

組織❸ セグメント

セグメントは、会社コードとは別の切り口で財務諸表を作成したい場合に設定します。

例えば、アルゴピザ・ジャパン(株)の宅配事業部と、アルゴピザ・アメリカ(株)の宅配事業部を1つのセグメントに紐づけて財務諸表を作成することができます。

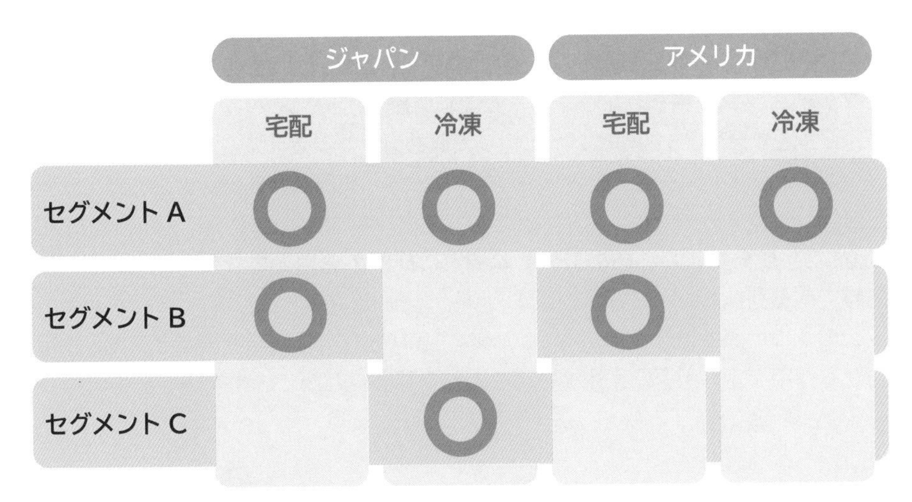

図7 セグメント設定イメージ

前ページの図でいうと、

- セグメントAは、ジャパンとアメリカの会社コードをまたいだ財務諸表が見られます
- セグメントBは、ジャパンとアメリカの会社コードをまたぎ、かつ宅配事業部のみの財務諸表が見られます
- セグメントCは、ジャパンの冷凍事業部のみの財務諸表が見られます

セグメントを使うことで、複数の会社や事業部単位の柔軟な財務諸表を見ることができます。SAPを使う企業は、複数事業部、国内・海外グループ会社を統合管理しているところが多いので、セグメントを有効活用することで、財務諸表を見たい軸で設定し、財務分析することができます。

組織❹ 利益センタ

利益センタは、収益の分析をしたい単位に設定します。

アルゴピザでいうと、例えば、店舗単位で収益分析をしたい場合は、各店舗を利益センタに設定します。

利益センタは**利益センタグループ**としてグルーピングができます。例えば、池袋店と新宿店を「東京23区」という利益センタグループとしてグルーピングし、東京調布店やその他23区外の店舗を「東京23区外」という利益センタグループでグルーピングします。こうすることで、店舗(利益センタ)よりもさらに大きな東京23区や東京23区外といった括りで収益分析ができます。

また、利益とは「収益－費用」です。そのため、費用は原価センタをもとにデータを紐づけます。例えば、東京調布店は製造、調達、販売、経理と4つの部門(原価センタ)に分かれているので、それぞれの部門の費用を集計する原価センタと店舗である利益センタを紐づけます。

この4つの原価センタを「利益センタ：東京調布店」に紐づけることにより、収益から費用を差し引いた東京調布店の利益を見ることができます。

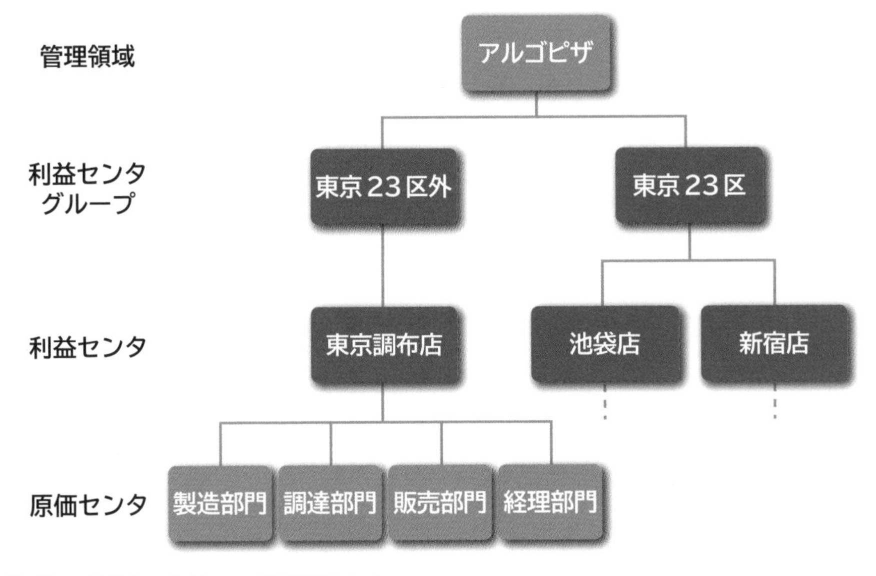

図8 利益センタグループと利益センタ

なお、**原価センタ**については、第8章のCOモジュールのところで詳しく説明しますが、簡単に説明すると、費用を溜めるためのマスタです。原価センタには各部門が使った経費や人件費、そして製造で使った材料費や加工費のような費用が溜まります。各部門の原価センタを紐づけた店舗の利益センタでは、これらの費用と店舗の収益を並べて分析ができるということです。

Column SAPコンサルとTwitter

Twitterをやっている SAPコンサルの方は、多くいます。私もTwitterをやっているSAPコンサルのうちの一人です。

Twitterをやっていて何がいいかと言うと、「こういうことがプロジェクトで困ってるんだよなぁ……」とツイートすると、ほかの人たちから「私はこうやって解決しましたよ!」「私はこういう考え方だと思う」というリプをいただけることです。

ちなみに「#教えてSAP」とハッシュタグをつけてツイートすると、「どしたんオジさん」が分からないことを教えてくれるので、おすすめです(ただしSAPサポートではないので、悪用厳禁です)。

7-3 FI(財務会計)モジュールで使うマスタ

FIモジュールで使う6つのマスタ

FI(財務会計)モジュールでは、次の6つのマスタを使います。

❶BPマスタ(得意先マスタ)
❷与信管理マスタ
❸BPマスタ(仕入先マスタ)
❹銀行マスタ
❺勘定コードマスタ
❻レートマスタ

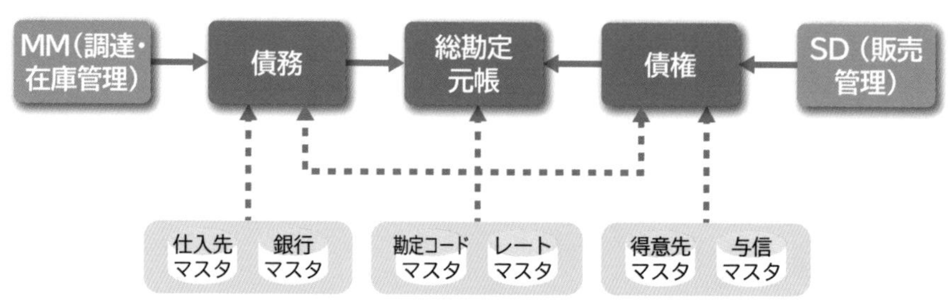

図9 FIモジュールのマスタ関連図

マスタ❶ BPマスタ(得意先マスタ)

BPマスタ(得意先マスタ)は、SDモジュールで設定するBPマスタ(得意先マスタ)に対し、FIモジュール用の設定を追加していきます。

SDモジュールでは、営業所や通貨、出荷条件(海路、陸路、空路など)、出荷プラントなど、受注、出荷、請求のトランザクションのもととなる項目を設定しました。

FIモジュールでは、得意先とのお金のやり取りに必要な次のような情報を設定します。

- 統制勘定(売掛金や受取手形など)
- 支払条件(即日支払い、14日以内や現金なら3%割引など)

統制勘定とは、補助元帳(債権・債務)の取引を総勘定元帳に記録するために、BPマスタごとに割り当てられた勘定です。

例えば、得意先の吉田さんに「売掛金」という統制勘定を割り当てておけば、請求時に補助元帳と総勘定元帳の両方に売掛金の仕訳が反映されます。

支払条件とは、得意先がいつまでに支払いをしてもらえるかという条件を指定します。

例えば、アルゴピザではお客様から即日支払してもらうような設定をしておきます。

マスタ❷ 与信管理マスタ

与信管理マスタとは、得意先に対して与信チェックを行うかどうかのマスタです。

与信とは、相手の会社の財務状況などから、取引をするのに信用できる相手かどうかをチェックすることです。例えば、倒産しそうな会社に対して、1回の注文で1億円を超える商品を作って納品することなんて、できないですよね。途中で「やっぱりお金を払えない」なんて言われたら大変です。与信では相手の財務状況のみならず、初めての取引なのか、お得意様なのかでもリスク評価をしていきます。

SAPでも、スコアリング(与信管理でどのようなチェックをするか)、与信限度額(いくらまでの注文なら受け付けるか)をマスタとして管理します。SDモジュールで受注伝票登録時に、与信限度額を超える金額の受注であれば、伝票登録できないようにチェックが入る仕組みを設定することができます。

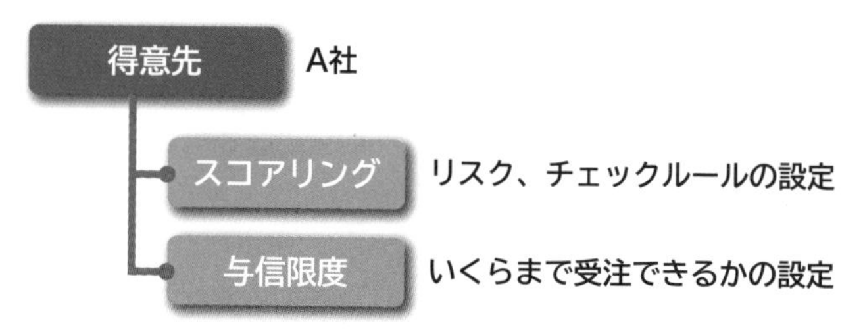

▲ 図10 与信マスタ設定イメージ

マスタ❸ BPマスタ(仕入先マスタ)

BPマスタ(仕入先マスタ)は、MMモジュールで設定するBPマスタ(仕入先マスタ)に対し、FIモジュール用の設定を追加していきます。

MMモジュールでは、通貨や支払条件、取引先機能、インコタームズ、入庫基準請求書照合、ERS入庫、自動購買発注など、購買のトランザクションのもととなる項目を設定しました。

FIモジュールでは、仕入先とのお金のやり取りに必要な次のような情報を設定します。

- 統制勘定(買掛金や支払手形など)
- 支払先口座(仕入先の銀行口座情報)
- 支払条件(即日支払い、14日以内や現金なら3%割引など)
- 支払方法(現金、手形、海外送金など)

仕入先マスタでも得意先マスタと同様に、「統制勘定」の設定をします。

例えば、仕入先の岩尾酪農に「買掛金」という統制勘定を割り当てておけば、請求書照合時に補助元帳と総勘定元帳の両方に買掛金の仕訳が反映されます。

「支払先口座」とは、仕入先の銀行口座のことです。銀行口座は、あらかじめ登録しておいた銀行マスタから指定します。

「支払条件」は、BPマスタ(得意先マスタ)と同じで、即日支払いなのか、○○日以内に支払うのか、といった設定をしておきます。

「支払方法」では、自動支払いのための設定をします。自動支払い設定をしておくことで、期日までに自社の銀行口座から仕入先の銀行口座に買掛金分のお金を自動で振り込むことができます。

マスタ❹ 銀行マスタ

銀行マスタでは、取引先とお金のやり取りをする銀行口座情報をマスタとしてセットします。銀行マスタは、BPマスタ(仕入先マスタ)に紐づけて使用します。BPマスタ(仕入先マスタ)に口座情報や使用する勘定科目が紐づいているので、取引先に対して銀行への振込が容易になり、振込に合わせて自動で会計仕訳を転記することができます。

日本の場合、銀行コードは「金融機関コード+支店コード」で定義されます。例えば、三菱UFJ銀行の金融機関コードは「0005」で、調布支店の支店コードは「590」なので、三菱UFJ銀行・調布支店の銀行コードは、「0005590」と定義されます。

マスタ❺ 勘定コードマスタ

勘定コードマスタは、会計仕訳で使用する勘定をマスタとして設定します。光熱費、人件費、現金、買掛金など、使用するすべての勘定科目を登録しておく必要があります。勘定コードは、「勘定コード表レベル」と「会社コードレベル」の設定ができます。

「勘定コード表レベル」は、会社コード横断で使用する勘定コードを設定します。つまり、全世界のアルゴピザがSAPを導入する場合、海外現地法人や子会社も含めて共通で使用する勘定コードを設定します。

「会社コードレベル」は、会社固有で使用する勘定コードを設定します。

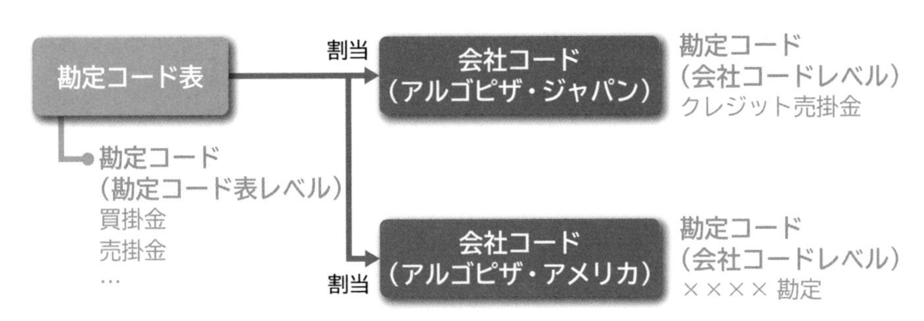

▲ 図11 勘定コードマスタの設定イメージ

マスタ❻ レートマスタ

レートマスタとは、為替のことです。レートマスタを設定しておくことにより、外貨通貨額を国内通貨額に自動換算することができます。

レートマスタでは、日次レートや月次レートと複数のレートを保持することができます。

例えば、日次レートは日次の外貨通貨の請求伝票を換算する際に使用、月次レートは月次決算での外貨評価時に使用、といったような使い方ができます。

Column SAPとRPA

2017年ごろからRPAが日本でも流行し、SAPプロジェクトでもRPAを使うところが増えてきました。SAPプロジェクトにおいて重要なのは、RPAツールがSAP GUIに対応しているかどうかです。UiPathやBlue Prism、そしてSAP社から出ているSAP Intelligent Robotic Process Automation(SAP iRPA)の3つがよく使われています。

SAPプロジェクトでRPAが使われるケースは、業務がSAP標準機能にマッチしないが、アドオンするには予算がない場合、RPAで安価に機能を作ることが多いです。

例えば、データ入力代行RPA、データ抽出・レポート作成RPA、伝票から帳票作成RPAなどがあります。RPAがSAP GUIにログオンし、テーブルデータをダウンロード後、Excelのフォーマットにデータを転記し、帳票にしたり、分析用にデータをまとめたりします。また、ユーザーがExcelにまとめたデータをRPAがSAPの伝票登録画面から順々に登録するような使われ方もしています。

RPAは便利で、プログラミングの感度がある人ならばサクッと作れます。

とはいえ、RPAは人が手入力する処理を3倍速で自動実行するくらいの速度なので、大量データ処理には向きません。1回に何百件、何千件ものデータを処理するにはスピードが遅すぎます。そのため、アドオンする予算がないからと言ってRPAにするのではなく、RPAで作る機能を見極めて判断する必要があります。これまで予算がなく諦めていたアドオンをRPAで代替できるようになってきたので、RPAの特性を踏まえて、うまくプロジェクトで使っていきたいものです。

第8章

店舗の経営状況を分析しよう ー CO（管理会計）

CO（管理会計）モジュールは、社内の経営に役立てるレポートを作ることが目的です。

FIモジュールは社外向けレポートで、B/SやP/L、C/Sのように、どの会社でも決まったフォーマットのレポートでした。しかし、COモジュールは社内の経営に役立てるための原価や収益性のレポートのため、百社百様なのが特徴です。そのため、COモジュールを使いこなす企業が経営に強い企業とも言えます。

SAPのモジュールの中で最も難解だと言われているCOモジュールをこの章で解説していきます。

8-1 CO(管理会計)モジュールの業務

COモジュールの３つの業務

CO(管理会計)モジュールは、次の３つの機能があります。

- 間接費管理
- 製造原価
- 収益性分析

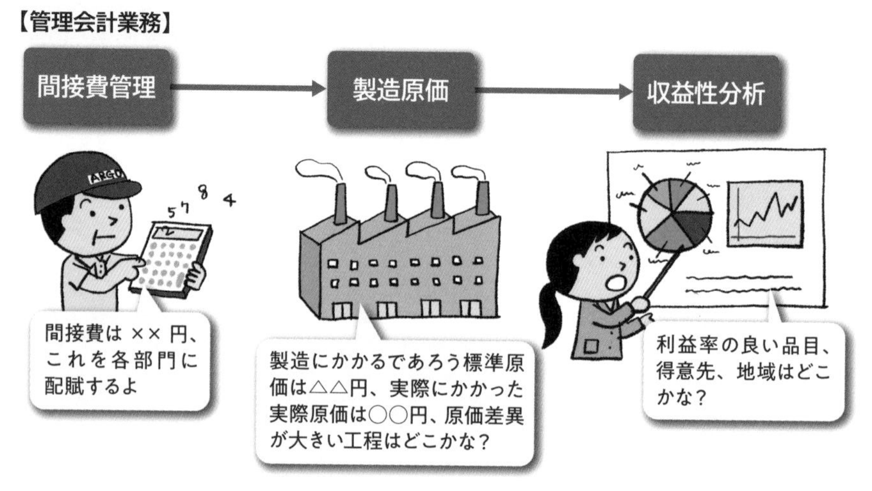

図1 管理会計業務の流れ

間接費管理

総原価は、「製造原価」と「販売管理費および一般管理費」に分けられます。
また、**製造原価**は、「直接費」と「間接費」に分けられます。

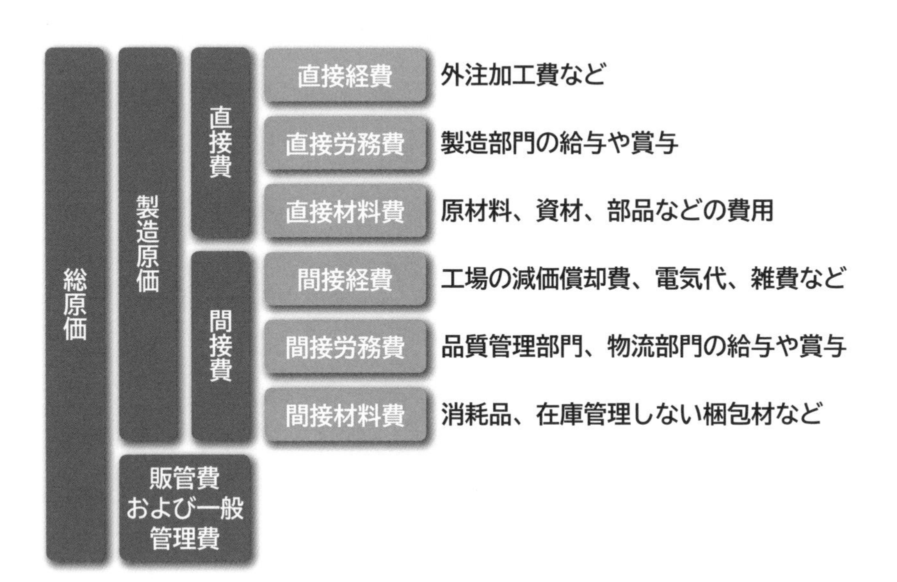

図2 原価の種別と関係図

直接費は、どの部門で使ったコストなのかが分かるコストです。一方で、**間接費**は、どの部門で使ったコストなのか明確に分かりません。工場の減価償却費や電力代は、みんなで使っているものなので、どの部門がいくら使ったかは明確には分からないですよね。

そのため、SAPでは**配賦**（はいふ）という機能を使って、間接費を部門ごとに配分することをします。配賦とは、間接費は会社全体（または事業部全体など）で使った費用だから、「関わった人みんなで按分（あんぶん）しようね」という考えで使われます。

例えば、アルゴピザ東京調布店で、電気代が50,000円かかったとします。電気は、ピザ生地作り、トッピング作業、オーブン焼きのそれぞれで使います。そのため、この電気代50,000円を、どうにかピザ生地作り、トッピング作業、オーブン焼きの3つに配賦したいです。

配賦するためには、ルール(配分する割合)が必要です。配賦のルールは、それぞれの会社環境に合わせて決めることができます。

例えば、従業員数や作業場所面積などを基準に間接費の配賦ルールを決めます。仮に、アルゴピザ東京調布店の電気代は、それぞれの作業の担当人数で配賦することにします。例えば、ピザ生地担当：2人、トッピング担当：2人、オーブン焼き担当：1人だったとします。その場合、次のような従業員の比率で、間接費50,000円の電気代をピザ生地作り、トッピング作業、オーブン焼きの3部門に配賦することができます。

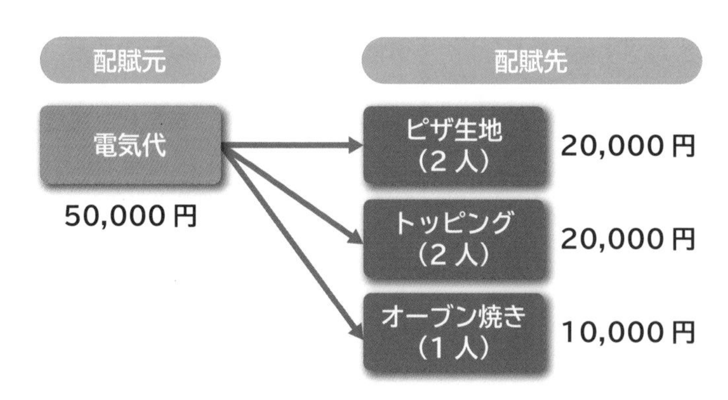

図3 間接費の配賦イメージ

なお、間接費は、誰が使った費用かが明確に分かりません。そのため、**間接費管理**では、

- 間接費を費用科目ごとに集計すること
- 集計した間接費を関連する部門に配賦すること

の2つを行います。

特に配賦では、社内で配賦ルールを決めていくのが大変な作業です。次に説明する製造原価の加工費を計算するもととなる活動単価(時給)に間接費が使われます。製造原価は材料費、人件費のみならず、店舗の減価償却費や経費も含めて計算されます。製造原価を正確に計算するためにも、納得のいく配賦ルールにする必要が求められます。

製造原価

製造原価とは、モノを作るのにかかったコストのことです。モノを作るには、材料費と加工費がかかります。材料費と加工費は、それぞれどういうコストかというと、

- 材料費：小麦粉、牛乳、トマトソースなどがそれぞれいくらかかったか？
- 加工費：〈ピザ作り担当の時給〉×〈働いた時間〉でいくらかかったか？

という、これら２つのコストを足し合わせて、作ったモノのコストである製造原価を算出します。

材料費と加工費を足し合わせた製造原価のイメージは、次のようになります。こねる作業の加工費と、小麦粉などの材料費を足し合わせて、ピザ生地の製造原価830円が算出されます。

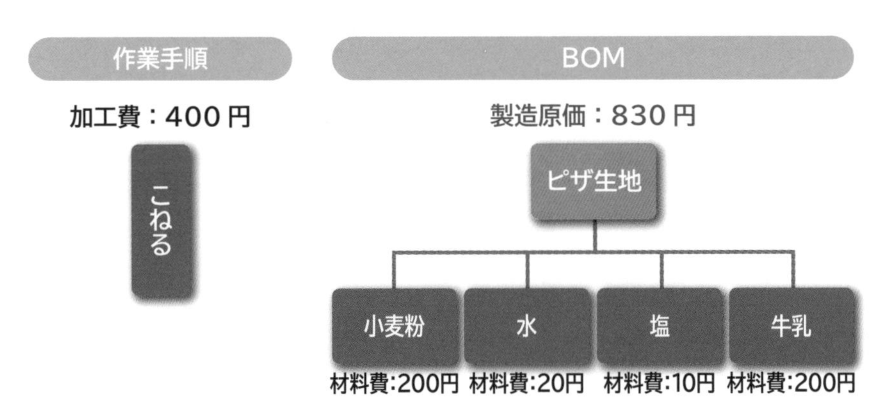

▲ 図４ 製造原価の計算イメージ

また製造原価には、次の２種類あります。

❶ 標準原価（理論上かかるコスト）
❷ 実際原価（実際にかかったコスト）

標準原価は、マルゲリータピザを１枚作るのに、これくらいのコストがかかる

という理論上の原価のことです。標準原価は、PP(生産計画・管理)モジュールのところで説明したBOMマスタと作業手順マスタを使って計算されます。

BOMマスタは、マルゲリータピザを作るのに必要な材料の組み合わせ、数量をマスタにセットします。作業手順マスタは、マルゲリータピザを作るのに必要な作業とその作業にかかる時間をマスタにセットします。

勘の鋭い人はお分かりになったのではないでしょうか？　BOMマスタは材料費のもと、作業手順マスタは加工費のもとになるんです。

材料費は、**〈材料の原価〉**×**〈数量〉**で計算されます。

加工費は、**〈活動単価(時給)〉**×**〈作業時間〉**で計算されます。

材料の原価は、品目マスタにて設定をします。例えば、期初の仕入れ値を原価に設定する会社もあります。

活動単価(時給)は、１つ前の間接費管理のところで説明した、間接費配賦で計算されます。人件費、経費、電気代、減価償却費などが配賦され、各作業の活動単価(時給)が算出される仕組みになっています。

これらの材料費と加工費 を足し合わせると、マルゲリータピザの標準原価が計算されます。

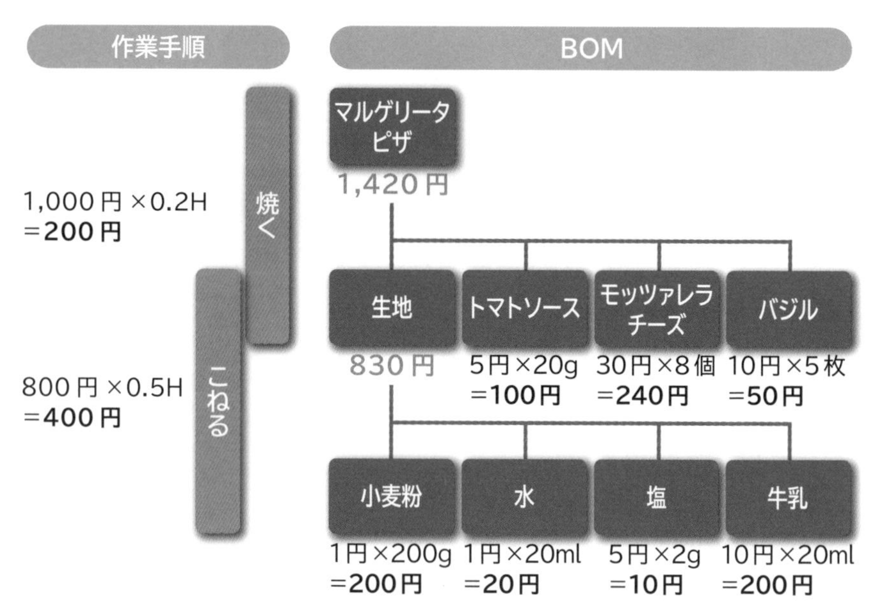

図5 マルゲリータピザの標準原価計算イメージ

生地の標準原価

200円（小麦粉 1円 ×200g）
+20円（水 1円 ×20ml）
+10円（塩 5円 ×2g）
+200円（牛乳 10円 ×20ml）
+400円（こねる 800円 ×0.5H）
=830円

マルゲリータピザの標準原価

830円（生地 1つの標準原価）
+100円（トマトソース 5円 ×20g）
+240円（モッツァレラチーズ 30円 ×8個）
+50円（バジル 10円 ×5枚）
+200円（焼く 1,000円 ×0.2H）
=1,420円

図6 マルゲリータピザの標準原価の計算式

一方、**実際原価**は、MMモジュールの購買実績とPPモジュールの製造実績から計算されます。次の実績が実際原価に反映されます。

- MMの購買実績：購買数量、購買価格
- PPの製造実績：生産品数量、構成品使用数量、作業時間

具体例を挙げると、

- MMの購買実績：モッツァレラチーズを10個発注のところ、9個しか良品がなかった。100円の小麦粉をボリュームディスカウントにより90円で買えた。
- PPの製造実績：生地5個作るところ、1個失敗して4個になった。トマトソース20g使うところ、25g使ってしまった。生地を作るのに0.5H(30分)のところ、0.7H(42分)かかってしまった。

「○○のところ、××だった」の○○は標準原価で使われる数字、××が実際原価に使われる数字が入ります。

「マルゲリータピザの標準原価は1,420円だけど、実際にはいくらかかったの？」というのをMMの購買実績とPPの製造実績から計算をします。

実際に購買実績と製造実績が赤字部分だった場合、このような実際原価計算になります（黒字部分は標準と同じで、赤字部分が標準と異なる実績だったという想定です）。

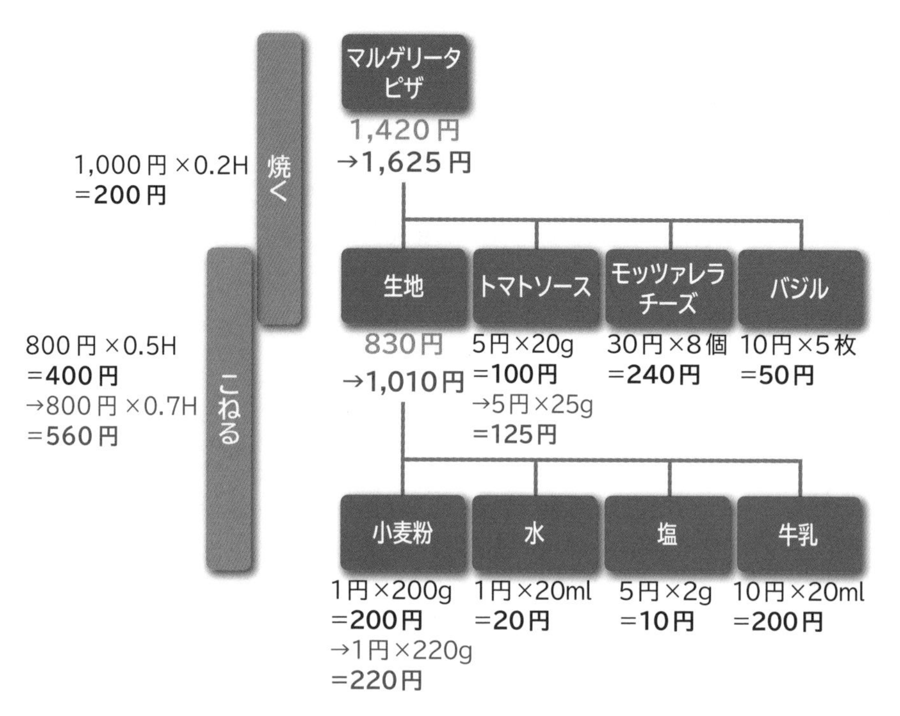

図7 マルゲリータピザの実際原価計算イメージ

生地の実際原価

220円（小麦粉1円×220g）
+20円（水1円×20ml）
+10円（塩5円×2g）
+200円（牛乳10円×20ml）
+560円（こねる800円×0.7H）
=1,010円

マルゲリータピザの実際原価

1,010円（生地1つの実際原価）
+125円（トマトソース5円×25g）
+240円（モッツァレラチーズ30円×8個）
+50円（バジル10円×5枚）
+200円（焼く1,000円×0.2H）
=1,625円

▲ 図8 マルゲリータピザの実際原価の計算式

実際原価計算をすると、標準原価との差異が見られるようになります。この差異を**原価差異**と言います。原価差異が見られると、コストベースでどこの製造実績が悪いのか、どこの購買実績が悪いのかが一目で分かります。

例えば、上のマルゲリータピザの実際原価計算の図を例に言うと、

- 「小麦粉の使用量」が多い
- 「こねるの作業時間」が多い
- 「トマトソース」の使用量が多い

というところに原価差異が出ています。この原価差異をベースに、

- 小麦粉やトマトソースをもう少し効率的に使用できないか？
- こねる作業を短くするにはどうしたらいいか？

ということを検討し、改善活動に活かしていきます。コストベースの原価差異分析をすることによって、製造や調達の改善活動につなげられます。

標準原価を算出する会社は多いのですが、購買実績や製造実績から実際原価を算出できている会社は多くはありません。そのため、SAPを導入するとMMとPP、COのデータが連動するので、SAP導入目的の1つが、この原価計算である会社は多いです。

図9 原価差異分析の分析対象

収益性分析

収益性分析では、売上や原価情報をもとに、品目や国、地域、販売組織、得意先などごとに収益の多次元分析ができるのが特徴です。収益性分析には、これらのデータがCOモジュールに連携されてきます。

- 売上：SDモジュール
- 製造実績・購買実績：PP・MMモジュール
- 販管費など：FIモジュール

SDモジュールで受注伝票や請求伝票を登録したときや、製造実績・購買実績発生時、FIで会計伝票登録時に、収益性分析情報としてCOモジュールに連動します。

また、費用にはどの製品の費用なのか分からない会社共通、事業共通などの費用が存在します。例えば、輸送費であるとか設備の修繕費は、どの製品にかかった費用かが分かりません。そこで行うのが**配賦**です(ここでいう配賦は収益性分析用の配賦で、前にお話しした間接費配賦とは別物です)。共通の費用を配賦せずに収益性分析をした場合、正確な分析ができないため、共通の費用を配賦ルールに従って、製品ごとに配分する必要があります。

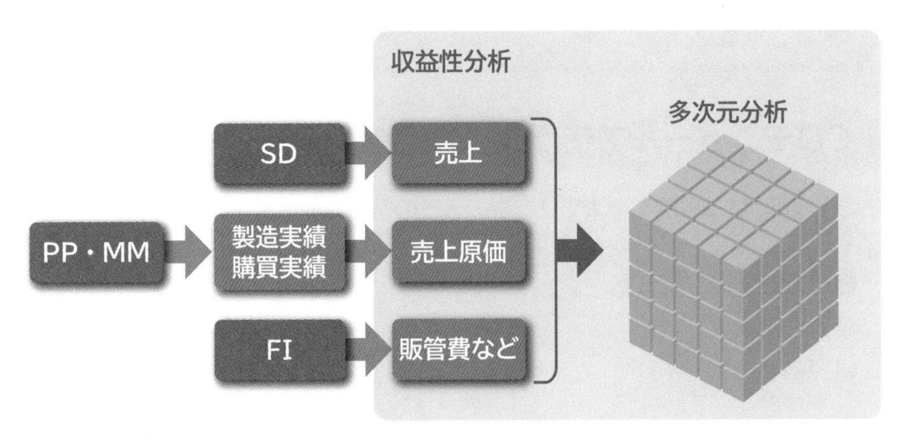

図10 収益性分析のためのデータ源泉イメージ

アルゴピザで言うと、ピザの種類ごと、店舗ごと、地域ごとに収益性分析ができます。

SAPの収益性分析は、会社側で見たい軸の収益レポートを作ることができ、経営判断に活かせる機能です。収益性分析をすることで、アルゴピザで収益の良いピザはどれか、どこの店舗や地域でよく売れているかなど、いろんな角度からの分析ができます。

Column SAP Basisの仕事

SAP Basisとは、SAPのミドルウェア部分を担当するポジションです。主にDBやOSまわりをメインに担当しますが、小さいプロジェクトであれば、インフラまわりも担当する必要があるので、広範囲なITのスキル・知識が必要とされるポジションです。最近では、クラウド上にSAPを構築することが多いので、クラウドの知識も求められるようになってきました。

ミドルウェア・インフラは「動いていて当たり前」の世界なので、なかなか感謝されませんが、SAPが正常に動いているのは、Basisの方々のおかげなので、彼らへ感謝の気持ちを忘れずに仕事をしたいものです。

8-2 CO(管理会計)モジュールで使う組織

COモジュールで使う3つの組織

CO(管理会計)モジュールでは、次の3つの組織を使います。

❶ 分析対象
❷ 管理領域
❸ 原価センタ

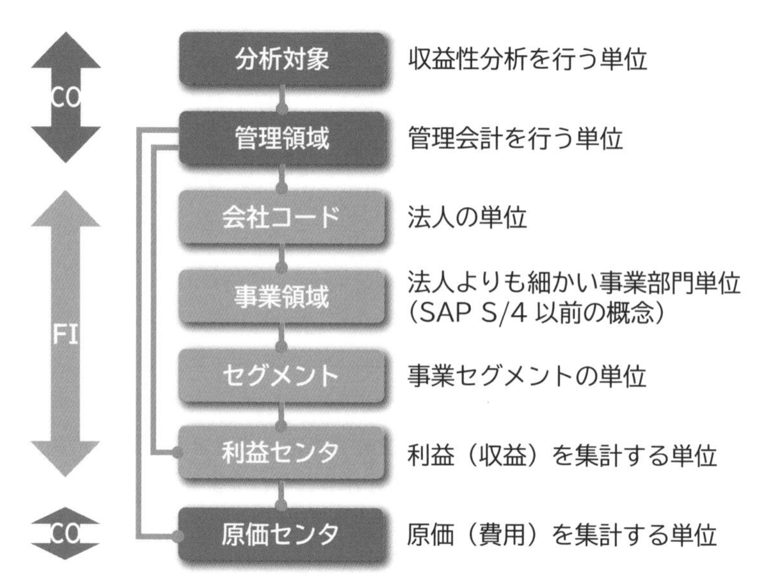

▲ 図11 COモジュールの組織関連図

COモジュールの組織と言っても、FI(財務会計)とも結びつきが深いので、FI

モジュールの組織も合わせて理解しておくとベターです。

組織❶ 分析対象

分析対象は、収益性分析をしたい単位に登録します。

例えば、会社コード単位で収益性分析をしたいのであれば、「アルゴピザ・ジャパン」「アルゴピザ・アメリカ」のように登録し、世界中のアルゴピザ全体で収益性分析をしたいのであれば、「アルゴピザ」として1つ登録します。分析対象→管理領域→会社コードという紐づけになるので、会社コードよりも大きい単位にもできますし、会社コードと同じ粒度での設定にもできます。

それぞれ国ごとに収益性分析をし、経営戦略を立案する場合は、会社コード単位で分析対象を設定します。またグローバル全体で経営戦略を立案する組織がある場合は、グローバルで1つの分析対象にすると、各国のデータをExcelなどでマージすることなく、SAP上で分析することができます。

ただ実際には、同じグループ会社といえど、会社を跨いで分析し、戦略を立てていくのは、組織体制上も難しいことが多いため、「会社コード＝分析対象」に設定し、会社をまたいだ分析はBI(Business Intelligence)のような外出しの分析システムを使う企業が多いです。

組織❷ 管理領域

管理領域には、勘定コード表や会計期間を設定します。そのため、1つの管理領域に、複数の会社コードを紐づける場合、紐づけられた会社コードは同じ勘定コード表や会計期間を使用します。

例えば、アルゴピザでは「アルゴピザ・ジャパン」と「アルゴピザ・チャイナ」が同じ勘定コード表・会計期間で、「アルゴピザ・アメリカ」は会計期間が異なる場合、管理領域は「アルゴピザ・アジア」と「アルゴピザ・アメリカ」の2つを登録する必要があります。

一度設定すると、会社コードや利益センタ、原価センタなど、ほかの組織設定にも影響するので、変更が難しく、基本的には「会社コード＝管理領域」と設定する企業が多いのです。

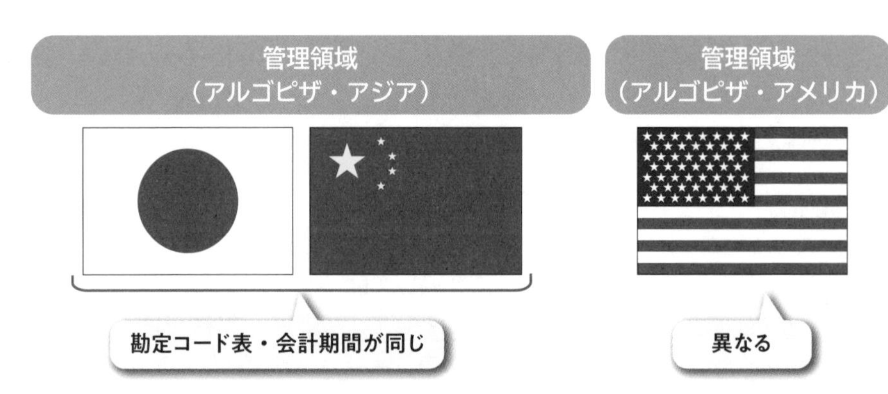

図12 管理領域の設定イメージ

組織❸ 原価センタ

原価センタは、費用を集計する最小の単位を設定します。

費用には、材料費や加工費、減価償却費、電気/水道/ガス代、人件費など、いろんな費用があります。これらの費用がどこで使われた費用なのか把握したい単位で設定します。一般的には、会社の「部門」や「製造工程」で費用を使うので、これらの単位で原価センタを登録します。

例えば、アルゴピザ東京調布店では、ピザ製造、調達、受付、配達、経理といった5つの部門を原価センタとしたり、ピザ生地作り、トッピング作業、オーブン焼きという製造工程ごとに原価センタを登録したりし、それぞれにかかった費用を集計できるようにします。

「部門」を原価センタとして登録するというのは、部門ごとに使った経費や人件費を計上するために登録します。「製造工程」を原価センタにするというのは、製造でかかった加工費を工程ごとに計上するために登録します。

原価センタは、**原価センタグループ**としてグルーピングすることができます。それぞれの原価センタに計上された費用を集計して分析したい場合、原価センタグループを設定します。

例えば、アルゴピザでは、各店舗を原価センタグループとして登録し、さらにエリアごとに上位の原価センタグループでグルーピングすることで、費用分析を階層ごとにできる設定にできます。

例として、次の図のように、第一階層の原価センタグループには、「東京調布店」「新宿店」「池袋店」などの各店舗を設定。その上の第二階層には、「東京」と設定することで都道府県ごとの費用分析ができるようにします。

また、原価センタは利益センタに紐づけをします。利益センタでは、利益(収益－費用)を集計するために、費用を紐づけされた原価センタからデータを連携します。

「利益センタ：原価センタ」は「1：1」、もしくは「1：N」の紐づけができます。利益を見たい単位に、原価センタを利益センタに紐づけるようにします。

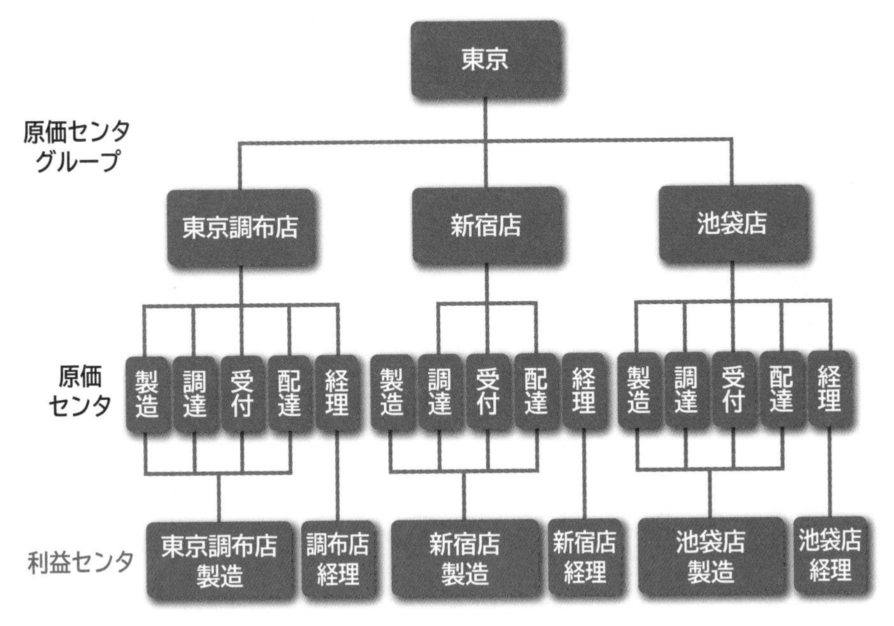

図13 原価センタグループ・原価センタの設定イメージ

8-3 CO(管理会計)モジュールで使うマスタ

COモジュールで使う4つのマスタ

CO(管理会計)モジュールでは、次の4つのマスタを使います。

❶原価要素マスタ
❷活動タイプマスタ
❸統計キー数値マスタ
❹周期マスタ

マスタ❶ 原価要素マスタ

原価要素マスタには、会社が負担する費用勘定を登録します。
原価要素には、「一次原価要素」と「二次原価要素」の2種類があります。

- 一次原価要素：FIモジュール(P/L：損益計算書)でも使用する勘定
- 二次原価要素：部門間の間接費配賦など、社内原価管理用の勘定

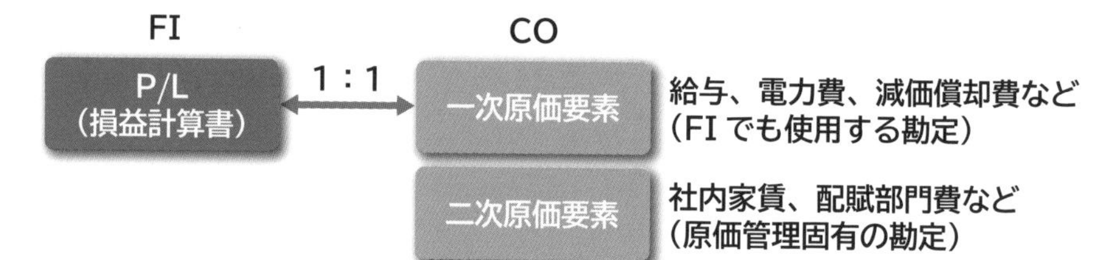

図14 一次原価要素・二次原価要素とは

また、原価要素は**原価要素グループ**としてまとめたい費用勘定をグルーピングすることができます。原価要素グループを使うことで、レポートでグルーピングした項目で集計して費用を表示することができます。

例えば、給与や賞与、特別支給を「労務費」という原価要素グループでグルーピングすることで、労務費がいくらだったのかということをレポートで見ることができます。

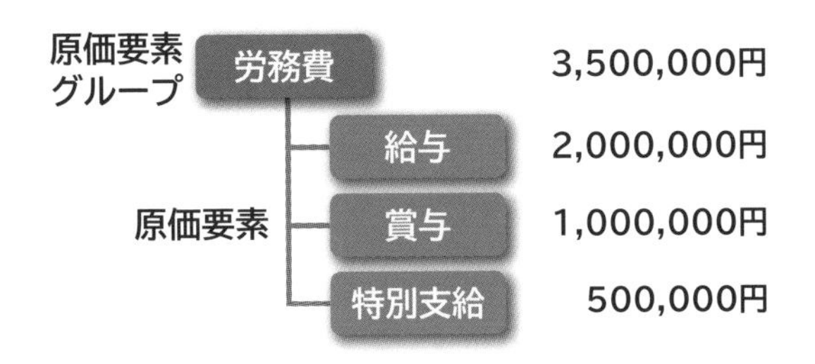

図15 原価要素グループ・原価要素の設定イメージ

マスタ❷ 活動タイプマスタ

活動タイプマスタは、製造作業の種類を登録します。

例えば、アルゴピザでは「人時間」「機械時間」という２種類の活動タイプ(製造作業)を登録します。活動タイプマスタをPPモジュールの作業手順マスタ・作業区マスタに紐づけることにより、製造実績計上時に「人時間」には２時間の作業時間を計上、「機械時間」は1.5時間の作業時間を計上ということができます。

また、活動タイプマスタには原価要素マスタを紐づけておきます。

例えば、「人時間」には「直接労務費」、「機械時間」には「直接経費」を紐づけておきます。すると「人時間」に2時間の製造実績を計上すると、〈2時間〉×〈単価〉が「直接労務費」として製造原価に計上されます。さらに、「機械時間」に1.5時間の製造実績を計上すると、〈1.5時間〉×〈単価〉が「直接経費」として製造原価に計上されます。

このようにPPモジュールによる作業時間の実績計上が、どの原価要素マスタ(費用科目)として計上されるかを紐づけ・制御するのが、活動タイプマスタの役割です。

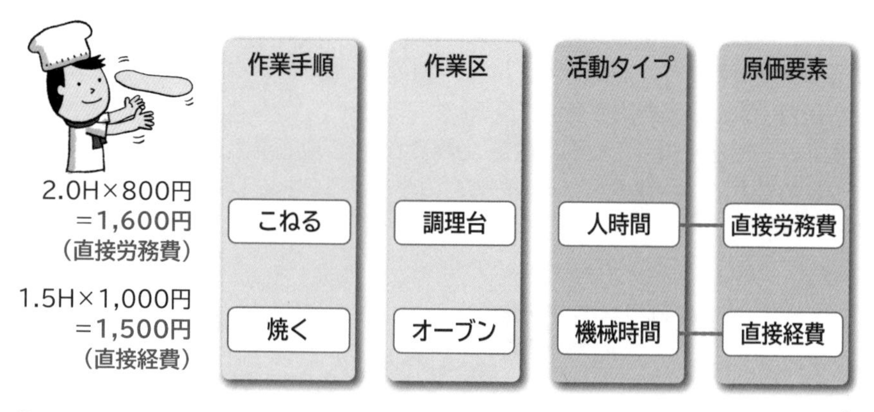

図16 PPモジュールのマスタと活動タイプマスタ・原価要素マスタとの紐づけイメージ

マスタ❸ 統計キー数値マスタ

統計キー数値マスタとは、費用を配賦するときに使用する基準値を設定するマスタのことです。

具体的には、CO業務の間接費管理の配賦のところで説明した、従業員数や作業場所面積を統計キー数値マスタとして登録します。統計キー数値マスタに、配分比率の情報を登録することにより、登録された比率で配賦を行うことができます。

例えば、統計キー数値マスタに「従業員数」を登録し、電気代を各部門に配賦する場合、従業員数を比率に費用の配賦をします。

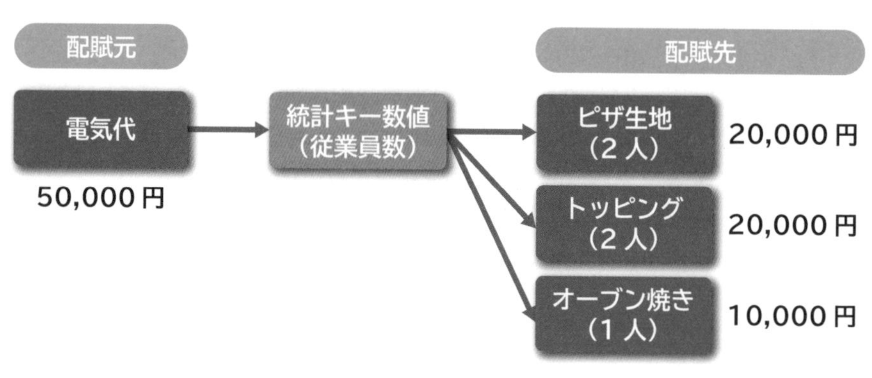

図17 統計キー数値マスタの使用イメージ

また、統計キー数値マスタの基準値には、「固定値」もしくは「合計値」のどちらかを選択します。

固定値は、一度設定したら値を変えないような、作業場所面積などに使います。合計値は、毎月設定値を登録するような、従業員数や使用電力量や作業時間などに使います。

マスタ❹ 周期マスタ

周期マスタとは、配賦をする際にどの原価センタから、どの原価センタに配賦するかのルールを設定するマスタです。

例えば、「原価センタ：アルゴピザ本社」で計上した共通の経費を「原価センタ：東京調布店、新宿店、池袋店」に配賦する、という設定をします。

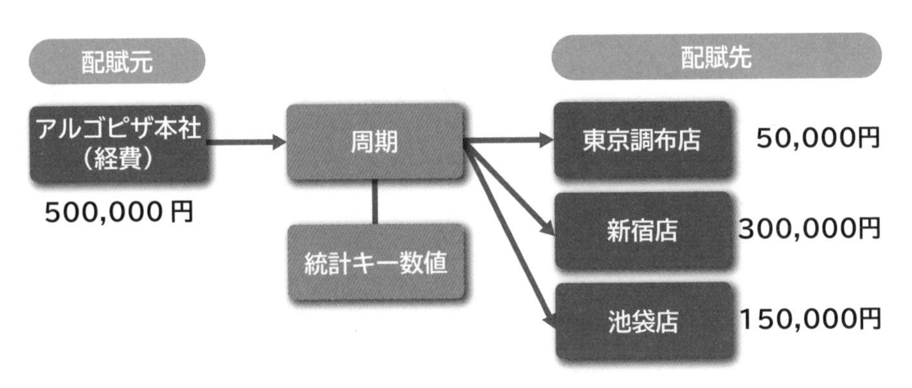

図18 周期マスタの使用イメージ

周期マスタと統計キー数値マスタの違いは、次の通りです。

- **周期マスタ：配賦元原価センタと配賦先原価センタの指定。周期マスタ内でどの基準（統計キー数値マスタ）で配賦するかを指定。**
- **統計キー数値マスタ：何を基準に配賦比率を決めるか指定。**

周期マスタに、どの統計キー数値マスタ（配賦ルール）を使うかの紐づけをして、使用します。

Column　SAPフリーランス

フリーランスは、会社から独立してSAPベンダーや事業会社の協力従業員として働くスタイルです。身近な例でいうと、フリーアナウンサーのようなもので、どこの会社にも所属せず、個人で各会社のSAPプロジェクトを転々とします。

IT業界では、数年前からプログラマーがフリーランスとして、プロジェクトを複数掛け持ちしたり、ノマドプログラマーがカフェで働いたりと、フリーランスという働き方が注目されてきましたが、最近ではSAP業界にもフリーランスで働く方が増えてきています。

会社に縛られず、自由で羨ましいと思われる反面、フリーランスのデメリットは、案件にアサインされないリスクがあり、アサインされない期間は収入がゼロになることです。会社員であれば、プロジェクトにアサインされなくても給料が出るので、会社員が安定していると言われる由縁がここにあります。しかし、最近ではSAP S/4HANA化の案件がどこの会社でも活況で、どのプロジェクトでも人手不足の状況です。そのため、自走できるスキルや経験があれば、フリーランスで案件が途切れることはほぼないでしょう。

フリーランスとして独立できる目安は、1～2プロジェクトで要件定義から本番稼働までを経験していること、と言われています。また複数モジュールや英語ができると、どこの企業からも欲しがられる存在になります。フリーランスを採用したい企業目線で考えると、自社でノウハウがなく、経験豊富な人に入ってきてもらいたいので、フリーランスとして独立するのであれば、少なくともモジュールリードくらいの経験があれば、安定して案件が見つかるでしょう。

フリーランスは、自分の実力一本で生きていくスタイルで、会社に縛られない働き方として注目されています。会社の人間関係が苦痛、社内政治が苦手、中間管理職になりたくない、そんな人は一度フリーランスに挑戦してみるのも、1つの選択肢になるでしょう。

第9章
モジュール間の業務のつながり

各モジュールの業務が分かったところで、モジュール間の業務のつながりの話をしていきます。

SAPプロジェクトではモジュールごとにチームが組まれるため、モジュール間の業務のつながりを理解している人は少ないでしょう。しかし、SAPは会社の広範囲の業務をカバーするシステムです。業務間のつながりを理解することで、SAP全体の理解につながります。

また、ユーザーからすると、モジュールでチームや専門性が区切れているのは関係ありません。ぜひ、この章を読んで、モジュール間の業務のつながりを理解しましょう。モジュール間の業務のつながりを理解することで、SAPコンサルやSAPエンジニアとして、ワンランク上のステージへ進めます。

9-1 モジュール間のつながり

モジュール間のつながり9パターン

SAPコンサルやSAPエンジニアとしてキャリアをスタートさせるとき、必ず**どれか1つのモジュール**からキャリアをスタートします。その理由は、1つのモジュール(業務)のスペシャリストになることで、人材として価値が上がりますし、専門性が中途半端な人材にならないからです。SAPベンダーによっては、モジュールごとでチームを分け、完全分断制にしているところもあります。

しかし、モジュールが分かれていることは、業務ユーザーからすると関係ありません。生産担当でも原価(CO)を見ますし、外注管理(MM)や出荷管理(SD)をする会社もあります。1モジュールだけでなく、**ほかのモジュールとのつながり**を理解することは、SAPコンサルやSAPエンジニアとしての付加価値を高め、よりユーザーに貢献できる人材になります。

また、チームリード、プロジェクトマネージャとキャリアアップをしていきたいのであれば、複数モジュールを知っておくことは必須です。1モジュールしか知らないプロジェクトマネージャでは、自分の専門外のモジュールでの判断が正しいかどうか分からない状態ではマズいですからね。つまり、この章で解説しているモジュール間・業務間のつながりを理解するということは、チームリードやプロジェクトマネージャとしてキャリアアップするための第一歩となります。そして、この章を読んだ後に、自分に関連する章(第4章～第8章)を読み返すことで、さらにSAPのことを深く理解できます。

この章は、本書で一番読んでいただきたい章です。この章で書かれているモジュール間・業務間のつながりと、自身の専門のモジュールの章を繰り返し読むことで、SAPコンサル・SAPエンジニアとしてさらなるステップアップができるようになります。

会社業務には、下記のモジュール間の業務につながりがあります。

❶MM(調達・在庫管理) ⇔ SD(販売管理)
❷MM(調達・在庫管理) ⇔ PP(生産計画・管理)
❸MM(調達・在庫管理) ⇒ FI(財務会計)
❹MM(調達・在庫管理) ⇒ CO(管理会計)
❺PP(生産計画・管理) ⇔ SD(販売管理)
❻PP(生産計画・管理) ⇒ CO(管理会計)
❼SD(販売管理) ⇒ FI(財務会計)
❽SD(販売管理) ⇒ CO(管理会計)
❾FI(財務会計) ⇒ CO(管理会計)

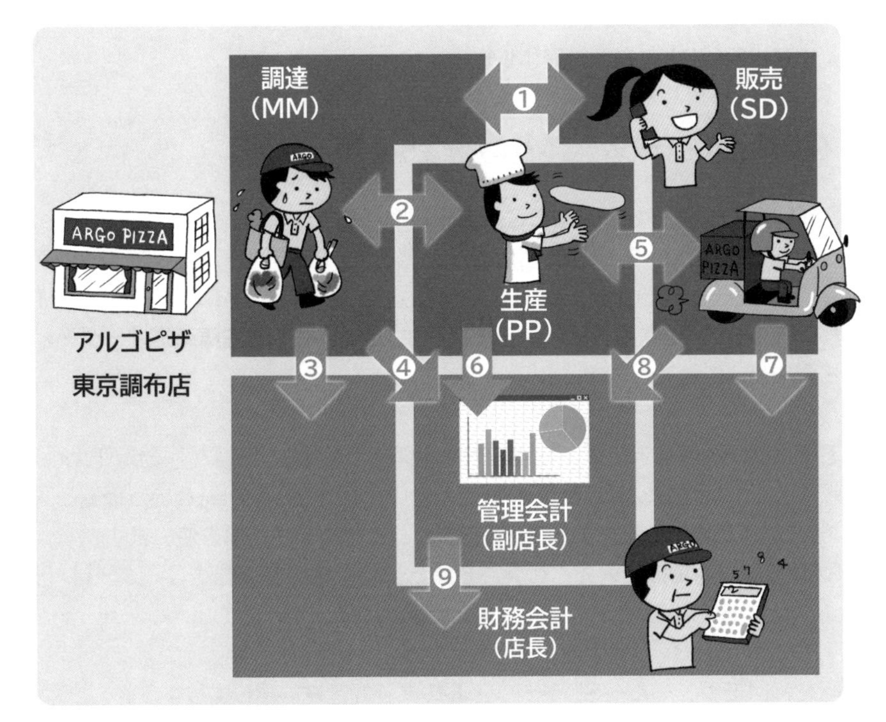

▲図1 モジュール間のつながり

それでは、どのような業務のつながりがあるかを1つ1つ見ていきましょう。

9-2 MM(調達・在庫管理) ⇔ SD(販売管理)

MMとSD

MM(調達・在庫管理)モジュールとSD(販売管理)モジュールの間には、次の2つの業務のつながりがあります。

- 在庫転送オーダー(MM)→ 出荷(SD)
- 出荷出庫(SD)→ 在庫管理(MM)

在庫転送オーダー(MM)→ 出荷(SD)

SAPではモノを移動させることを**在庫転送**と言います。

在庫転送をするには、移動元(From)と移動先(To)の連携が必要です。モノがほしいのは、ほとんどのケースで移動先(To)です。そこでSAPでは、「移動先(To)が移動元(From)に在庫を持ってきてほしい」という依頼を**在庫転送オーダー**という伝票を使って処理します。

若干、話が脱線しますが、在庫転送オーダーの「移動先(To)が移動元(From)に依頼する」という構造が「自社(To)が仕入先(From)に依頼する」という構造と同じため、SAPでは在庫転送オーダーの伝票として購買発注伝票を使います。

SAPでは、通常の仕入先への発注伝票と、自社内の在庫転送オーダーは「伝票タイプ」というものを使って、識別する仕組みになっています。

話をMMモジュール→SDモジュールの業務間連携に戻しましょう。

MMモジュールで在庫転送オーダーを登録すると、移動元で**出庫**をする必要があります。この出庫処理のときに、SDモジュールの出荷指示伝票を使って処理するケースで、在庫転送オーダー(MM)→出荷(SD)のモジュール間の連携が出てきます。

例えば、アルゴピザでは、店舗で在庫が不足すると、隣町の店舗と在庫を融通し合う業務があったとします。新宿店でチーズが3kg不足し、急遽必要になった場合、渋谷店に対して在庫転送オーダーを登録します(渋谷店がFrom、新宿店がTo)。

渋谷店(From)では、新宿店(To)からきた在庫転送オーダーを参照し、チーズ3kgの出荷指示伝票を登録し、渋谷店から出庫します。その後、チーズ3kgが渋谷店から新宿店に届けば、新宿店は在庫転送オーダーを見ながら、入庫処理をします。

ちなみに在庫転送には、次の３種類があります。

❶ 在庫転送オーダーなしの在庫転送

❷ 在庫転送オーダーあり、出荷指示なしの在庫転送

❸ 在庫転送オーダーあり、出荷指示ありの在庫転送

❶の**在庫転送オーダーなしの在庫転送**とは、在庫を移動させる指示がなくても在庫転送ができるケースで使用します。

例えば、店舗内の「保管場所：バックヤード」から「保管場所：冷蔵庫」への在庫転送という場合には、担当者が一人で移動させられるので、わざわざ在庫転送オーダーを使いません。ちょっとした在庫の移動なのに、在庫転送オーダー、出庫、入庫といったデータをシステムに都度登録するのは手間ですからね。

❷の**在庫転送オーダーあり、出荷指示なしの在庫転送**とは、在庫を移動させる指示は必要だけど、移動元(From)で出荷指示がなくても在庫転送オーダーをもとに出庫処理ができる場合に使用します。

例えば、アルゴピザ・冷凍ピザ専門宅配店の北倉庫(From)から西倉庫(To)に在庫を移動させたい場合、北倉庫と西倉庫の担当者は別々なので、西倉庫の担当者が北倉庫に対して在庫転送オーダーを登録します。この場合、北倉庫の担当者は、在庫転送オーダーを見て出庫処理をします。

❸の**在庫転送オーダーあり、出荷指示ありの在庫転送**とは、在庫を移動させる指示は必要で、かつ移動元で出荷指示が必要な場合に使用します。出荷指示伝票を使用すると、出荷ポイントや輸送経路、出荷計画の利用ができたり、出荷指示

で在庫の引当ができたりします。

また、在庫管理担当と配送担当が異なる場合、在庫管理担当が在庫転送オーダーを受け、配送担当のために出荷指示伝票を登録する、といった運用ができます。

例えば、渋谷店(From)から新宿店(To)に在庫を融通するとき、新宿店が渋谷店に在庫転送オーダーを登録します。渋谷店の店長は在庫転送オーダーを見て、配達担当者のために出荷指示伝票を登録し、新宿店に届けてほしい旨を伝えます。

このように、在庫転送オーダーと言っても、SAPでは3つのパターンがあります。要件定義で、それぞれ適切なケースで使い分ける運用を検討します。MMモジュール→SDモジュールの業務連携がされるのは、❸の在庫転送オーダーあり、出荷指示ありの在庫転送の場合のみで、出荷指示伝票を意図して使いたい場合に使用します。

	在庫転送オーダー	出荷指示	使い方	使用例
パターン1	なし	なし	指示が不要な近距離の在庫転送	店舗内のバックヤードから冷蔵庫
パターン2	あり	なし	From側に依頼が必要な在庫転送	冷凍ピザ店の北倉庫から西倉庫
パターン3	あり	あり	From側に依頼が必要かつ出荷指示が必要な在庫転送	渋谷店から新宿店

▲ 表1 在庫転送パターン

出荷出庫(SD)→ 在庫管理(MM)

SDモジュールで製品の出荷指示をして出庫したときに(**出荷出庫**)、MMモジュールの**在庫管理**に反映されます。

例えば、受注に基づく出荷・出庫処理でピザを2枚出荷したとき、ピザの在庫数量は2枚減少します。出荷・出庫するたびに、在庫管理機能に都度連携されます。

9-3 MM(調達・在庫管理) ⇔ PP(生産計画・管理)

MMとPP

MM(調達・在庫管理)モジュールとPP(生産計画・管理)モジュールの間には、次の２つの業務のつながりがあります。

- 在庫管理(MM)→生産計画(PP)
- 製造実績(PP)→ 在庫管理(MM)

在庫管理(MM)→生産計画(PP)

生産計画は必要な数量に対して、すでにある在庫数量、これから入ってくる予定の在庫数量、これから使われる予定の在庫数量を元に計画立案がされます。そのため、**在庫・入出庫予定**がリアルタイムで正確であるほど、精緻な生産計画が立案されます。

PPモジュールにて、**生産計画**が実施されると、「いつまでに」「何の製品を」「いくら作る」という計画が立てられます。そして、最終製品を作るのに材料がいくら必要か計算されます。もし、材料が足りなければ、新たに**購買依頼**をしないといけません。

例えば、アルゴピザ東京府中店で生産計画を実行し、「チーズが20kg足りない」となれば、20kgの購買依頼が自動で登録されます。

生産計画で材料の発注数量を決めるパターンはいくつかありますが、主に使われるのは「生産に必要な数量の算出」と「発注点」の２つです。「生産に必要な数量の算出」は、現在庫・入庫予定・出庫予定・安全在庫に基づいて、必要な数量が算出されます。「発注点」は、ある一定の数量を在庫が下回ると自動で購買依頼を登録する仕組みです。例えば、チーズ50kgを発注点として設定していた場合、チーズの在庫が50kgを下回った時点で生産計画を実行した場合、購買依頼が登録されます。

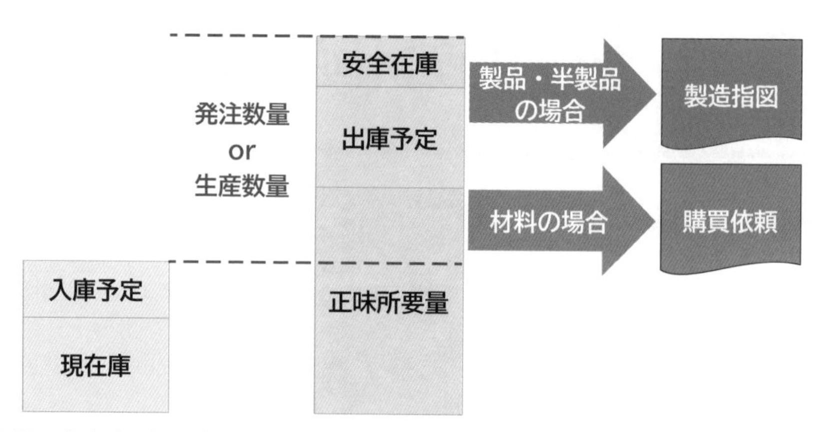

図2 生産計画(MRP)から購買依頼登録のつながり

製造実績(PP)→ 在庫管理(MM)

製造実績で生産品入庫や構成品出庫を計上すれば、**在庫管理**に反映されます。

例えば、ピザ生地を5枚作って入庫処理すれば、在庫数量が5枚増加します。チーズを3kg使ったので、出庫処理をすれば、在庫数量が3kg減少します。生産で材料を使用(出庫)や、生産で製品が完成(入庫)のたびに、在庫管理機能に都度連携されます。

Column SAPのオフショア開発

SAPプロジェクトでは、コストを下げるために、オフショア拠点にコンフィグや開発を依頼することがあります。

私自身、中国やインド、フィリピンのメンバーと一緒に仕事をしてきました。特に中国のメンバーは、日本語も話せて、技術力も格段に高く、何なら日本人よりもSAPのことをよく知っています。実際に中国の大連(ITが盛んな都市)には、SAP専門の学校もあるようです。

今はSAP S/4HANA化のおかげで多くの仕事がありますが、中国のメンバーと仕事をして、これからは日本国内のみならず、海外にも目を向けてスキルアップできる人しか良い仕事に就けないんじゃないかと思う私なのです。

9-4 MM(調達・在庫管理)⇒ FI(財務会計)

MMとFI

MM(調達・在庫管理)モジュールとFI(財務会計)モジュールの間には、次の業務のつながりがあります。

- 請求書照合(MM)→ 債務管理(FI)

請求書照合(MM)→ 債務管理(FI)

モノを購入し、**請求書照合**をすると買掛金が計上されます。買掛金は、いわゆるツケみたいなものです。

この買掛金(ツケ)をもとに、実際に仕入先にお金の支払いをします。お金の支払いは、会社で財布を握っている経理部門です。経理部門は、FIモジュールの**債務管理**機能を使って、買掛金をもとに仕入先にお金の支払いをします。

例えば、アルゴピザでは、岩尾酪農からチーズを購入し、調達担当者へ届いた請求書を照合し、買掛金を計上しておきます。アルゴピザ東京調布店の経理担当である店長は、毎月末に岩尾酪農に支払う必要のある買掛金を集計し、岩尾酪農に銀行振り込みで支払いをします。

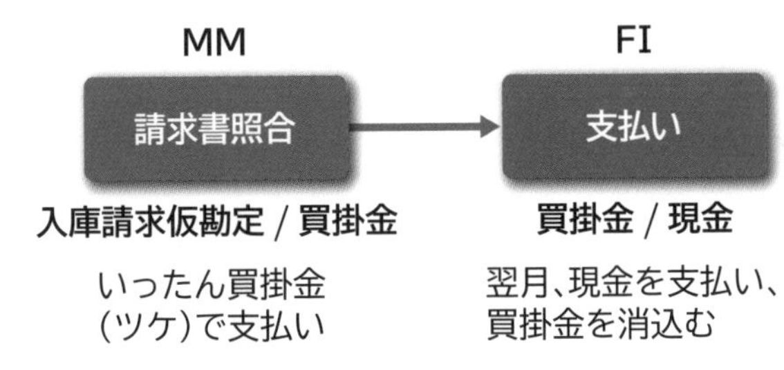

図3 請求書照合・支払いのつながり

9-5 MM(調達・在庫管理) ⇒ CO(管理会計)

MMとCO

MM(調達・在庫管理)モジュールとCO(管理会計)モジュールの間には、次の業務のつながりがあります。

- 購買実績(MM)→ 実際原価計算(CO)

購買実績(MM)→ 実際原価計算(CO)

MMモジュールで計上した**購買実績**をもとに、COモジュールで**実際原価計算**をします。

例えば、チーズを10kg発注したのに、品質が良く実際に使えるチーズは9kgだったので、9kgの発注入庫をしたとします。この場合、本来は10kg入庫される予定が、実際は9kgしか入庫されなかったので1kg分のロスとして実際原価が計算されます。これを「数量差異」と呼びます。

また、チーズ1kgの標準原価が1,000円だったとします。しかし、期中にチーズの価格が高騰し、1kgを1,100円で買ったとします。このとき、標準では1,000円だけど、実際には1,100円で購入したため、COモジュールの実際原価計算には1,100円の購買実績が使われます。これを「価格差異」と呼びます。

標準原価と実際原価の差異を**原価差異**と呼びます。この原価差異から、購買や生産のどこにロスが大きいのか、なぜロスが大きいのかを分析します。原価差異が大きい購買品目が分かれば、仕入先を買える、代替品を使う、仕入先と価格交渉をするなどの対策案が打てるようになります。

数量差異の場合、品質の良いチーズを提供してくれる仕入先を新たに探したり、品質の良いチーズを提供してくれるように既存の仕入先に催促するような手を打つ検討をします。

価格差異の場合は、ほかに安いチーズを提供している仕入先を新たに探したり、既存の仕入先に値段を下げてもらうよう価格交渉をするような手を打つ検討をします。

MMモジュールとCOモジュールを連携させることにより、原価の観点から調達業務のどこにロスがあるのかが一目で分かるようになります。発注処理だけをする調達システムを入れている会社の場合は、なかなか調達業務の改善につなげられないところが多いですが、SAPを導入し、MMモジュールとCOモジュールを連動させた場合、原価面から改善ポイントを見つけられるようになるのは、SAP導入の大きなメリットです。

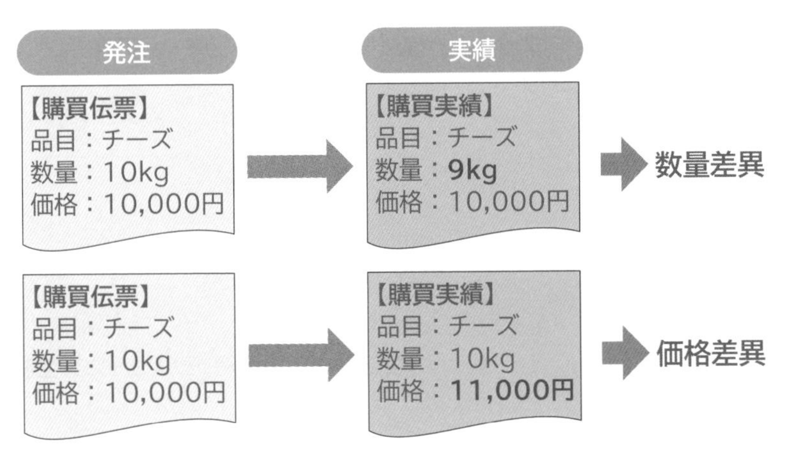

図4 購買の原価差異

Column 優秀な人ほど転職しよう

「優秀な人＝頼られる人」です。頼られる人は、プロジェクトからがっちり囲われて、新しい環境へのチャレンジができにくい状況になりがちです。SAPは多業種にマッチするシステムで、さまざまな使い方をされます。バラエティー豊富な使用方法を知っていることで、SAPコンサルとして、クライアントに提案する対応案に多くの選択肢を持たすことができます。そのため、SAPコンサルは、多くの会社・プロジェクトで経験を積むことで厚みを増すことができます。

優秀な人であればあるほど、まわりから頼られ、なかなか1つのプロジェクトから離れづらい状況になりますが、さらにステップアップするには、ある一定期間プロジェクトに在籍したら、次のプロジェクトに行ったほうが将来のキャリアを考えるとベターです。それゆえ、優秀な人ほど転職をし、新しい環境で、スキルの幅を広げていくべきだと考えます。

9-6 PP(生産計画・管理)⇔ SD(販売管理)

PPとSD

PP(生産計画・管理)モジュールとSD(販売管理)モジュールの間には、次の2つの業務のつながりがあります。

- 受注(SD)→ 生産計画(PP)
- 製造実績(PP)→ 出荷(SD)

受注(SD)→ 生産計画(PP)

受注生産型の場合、SDモジュールの**受注**をもとに、PPモジュールの**生産計画**を立案します。

例えば、アルゴピザでは、マルゲリータピザ2枚の受注が入ったとき、生産計画の実行によりマルゲリータピザ2枚を作るためのピザ生地の数、それぞれのトッピングの数が計算されます。

もし、ピザ生地の数量が足りなければ、新たにピザ生地を作るための製造指図が登録され、もしトッピングの数量が足りなければ、新たに仕入れるための購買依頼が登録されます。

受注生産型は、オーダーメイドでモノを作ったり、製品在庫を極力減らし受注が入ってから生産をしたりする業界に多い生産形態です。自動車や飛行機、ビルや家といった大型なモノを作る業界が受注生産の例によく挙がりますが、製品在庫を抱えたくないため、小さいモノを作る日用品業界や食品業界でも、受注が入ってから最終加工、梱包をする業界もあります。

宅配ピザ屋の場合は、最終製品のピザが受注生産、その前のピザ生地が見込生産で作られます。1つの製品を作るにも、BOM階層によって受注生産と見込生産が分かれることもあります。

受注生産のBOM部分だけ、SDモジュールで登録された受注伝票の品目・数量・納入日付を元に、PPモジュールで生産計画が実行されます。

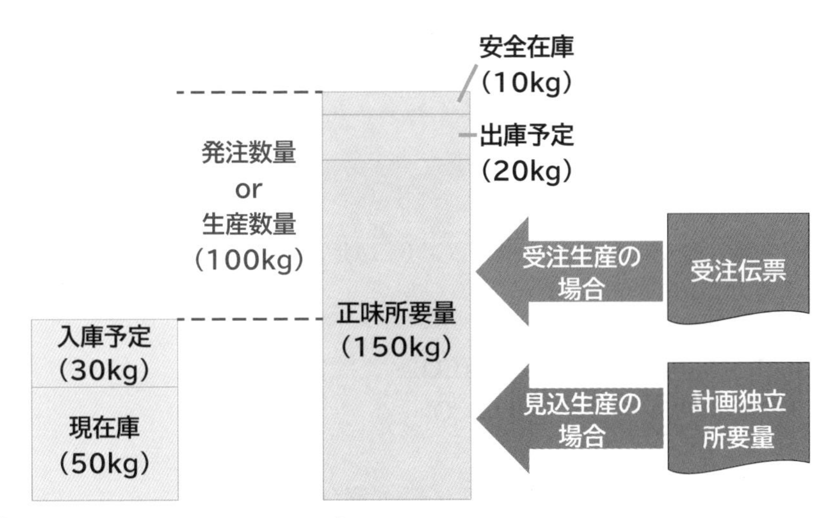

図5 受注から生産計画へのつながり

製造実績(PP)→ 出荷(SD)

製造実績で最終製品を製造すれば、その後は得意先への**出荷**が続きます。

アルゴピザでは、最終製品となるピザが焼ければ、箱詰めして配達(出荷)されます。

実際にSAPでは、出荷指示伝票の登録時に製品在庫があるかないかのチェックをかけることができます。最終製品が完成(入庫)されたことを確認し、SDモジュールで出荷指示伝票登録時に最終製品の在庫を指定します。

9-7 PP(生産計画・管理)⇒ CO(管理会計)

PPとCO

PP(生産計画・管理)モジュールとCO(管理会計)モジュールの間には、次の2つの業務のつながりがあります。

- PPマスタ(PP)→ 標準原価計算(CO)
- 製造実績(PP)→ 実際原価計算(CO)

PPマスタ(PP)→ 標準原価計算(CO)

PPモジュールの**BOMマスタ・作業手順マスタ**をもとに、COモジュールで**標準原価計算**をします。

標準原価計算とは、品目を生産するのに、標準ではこれだけ材料費や加工費がかかるから、トータル原価がいくらになります、という計算です。材料費はBOMの材料の数量と材料の標準原価から計算されます。加工費は作業手順の作業時間と活動単価から計算されます。

例えば、アルゴピザではピザ生地を作るのに、材料費430円、加工費400円かかるので、ピザ生地の標準原価は830円です、という計算をします。

製造実績(PP)→ 実際原価計算(CO)

製造実績の生産入庫、構成品出庫、作業時間から、COモジュールで**実際原価計算**をします。

実際原価計算とは、品目を生産するのに、実際にはこれだけコストがかかりましたよ、という計算です。

例えば、アルゴピザではピザ生地を作るのに、材料費が450円、加工費560円かかったので、ピザ生地の実際原価は1,010円になりました、という計算をします。

前述したように、標準原価と実際原価の差異を**原価差異**と呼びます。原価差異を分析することにより、生産・購買のどこにコストロスがあったのかを調査します。

このピザ生地の例では、加工費の標準原価が400円のところ、実際原価では560円かかってしまい、160円のコストロスが発生しました。コストロスが発生している箇所が特定できたら、なぜ160円ものロスが発生してしまったのか、どうやったらこの160円のロスをなくすことができるか、原因の分析をし、改善方法を検討していきます。

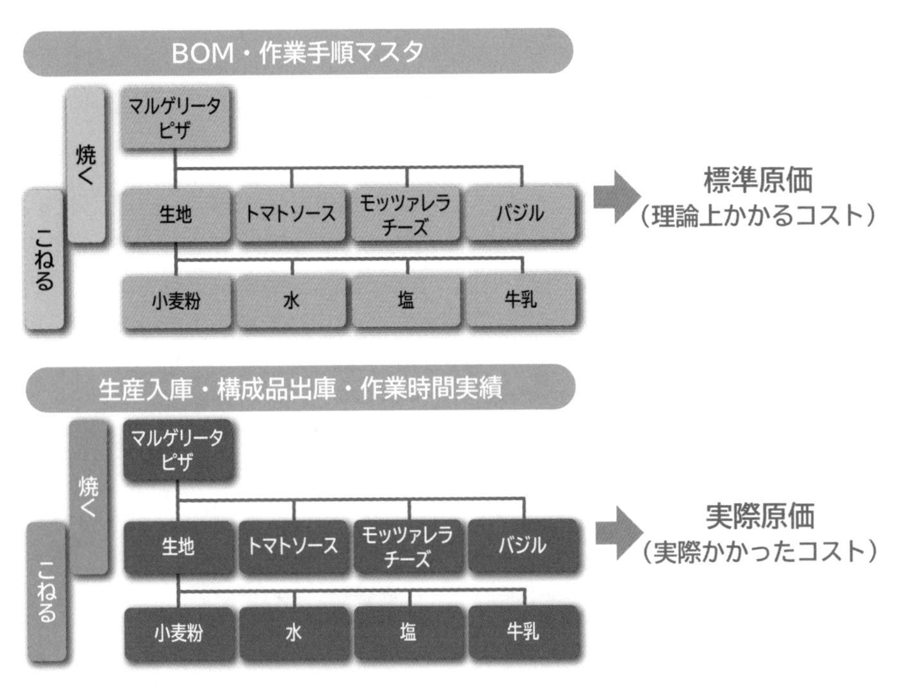

図6 PPモジュールと標準原価・実際原価のつながり

9-8 SD(販売管理) ⇒ FI(財務会計)

SDとFI

SD(販売管理)モジュールとFI(財務会計)モジュールの間には、次の業務のつながりがあります。

- 請求(SD)→ 債権管理(FI)

請求(SD)→ 債権管理(FI)

モノをお客様に買っていただけると、お客様に**請求**をし、売掛金を計上します。

売掛金は、いわゆるお客様のツケみたいなものです(MMモジュールのところで説明した買掛金の逆です)。この売掛金(ツケ)をもとに、実際に得意先からお金の支払いをしてもらわないといけません。得意先からのお金の支払いをいただき、FIモジュールの**債権管理**機能を使って、得意先からのお金の支払いを計上します。

例えば、アルゴピザのお客様がクレジットカード払いでピザを購入したとします。クレジットカードなので、お客様の銀行口座から即引き落としされるわけではないですし、アルゴピザの銀行口座にもすぐにお金は入りません。

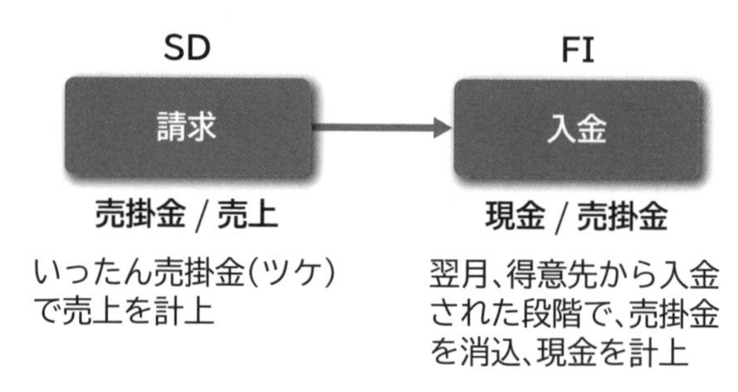

図7 請求から入金のつながり

そのため、いったん売掛金(ツケ)として計上しておき、翌月末にお客様の銀行口座からピザ代金が引き落とされ、クレジットカード会社経由でアルゴピザの銀行口座へお金の支払いがされます。

ちなみにクレジットカード会社を通すので、厳密には売掛金とは異なりますが、考え方としては同じです(通常は、自社⇔顧客間の処理)。クレジットカード会社を通す処理は、「クレジット売掛金」と呼びます。

Column SAPの便利機能

●トランザクションコード編

・/n<T-code> …… 今見ている画面を終了し、新しいトランザクションコードの画面に移る。
・/o<T-code> …… 新しいウィンドウで、トランザクションコードの画面を開く。
・/i ………………… 今見ているウィンドウを閉じる。
・/nex ……………… すべてのウィンドウを閉じてログオフする。

※<T-code>のところには、トランザクションコードを入れてください。

●ショートカットキー編

・[Ctrl]+[/]キー … カーソルが画面左上のトランザクションコード入力欄に飛ぶ。
・[F1]キー ………… 項目選択した状態で[F1]キーを押すと、項目の意味・定義がポップアップで出る。
・[F4]キー ………… 選択肢から値を選べる項目選択した状態で[F4]キーを押すと、選択肢がリスト形式でポップアップが出る。

●ショートカットキー編

・クイックカット&ペースト … ドラッグで値を選択すると自動でコピーされ、右クリックでペーストできる。
・技術名称表示 ……………… SAPGUIトップ画面のメニューにトランザクションコードが表示される。画面上部の「補足」→「設定」から設定が可能。

9-9 SD(販売管理) ⇒ CO(管理会計)

SDとCO

SD(販売管理)モジュールとCO(管理会計)モジュールの間には、次の業務のつながりがあります。

- 請求(SD)→ 収益性分析(CO)

請求(SD)→ 収益性分析(CO)

モノをお客様に買っていただけると、売上が上がります。COモジュールでは、売上の**請求**をもとに**収益性分析**をします。

収益性分析には、売上と原価から、利益率の良い得意先や品目をいろんな角度から分析をする機能が備わっています。

例えば、アルゴピザでピザを販売すると売上が上がります。この売上がCOモジュールに連携されます。売上は請求伝票経由で、

- 何のピザ(品目)
- どのお客様(得意先)
- いつ(日付)
- 受注方法(流通チャネル) など

といった情報を取得できます。

これらの情報を分析の軸に、どのような品目や得意先の収益性が良いか悪いかを分析し、収益性の悪い品目は今後の販売戦略の参考にする、といった検討ができます。

9-10 FI(財務会計) ⇒ CO(管理会計)

FIとCO

FI(財務会計)モジュールとCO(管理会計)モジュールの間には、次の業務のつながりがあります。

- 費用の会計伝票(FI)→ 間接費管理(CO)

費用の会計伝票(FI)→ 間接費管理(CO)

FIモジュールで費用となる**会計伝票**を登録すると、COモジュールに連携されます。COモジュールでは、**間接費管理**をし、費用を各部門へ配賦する処理へつなげます。

例えば、アルゴピザの店長が各担当に今月分のお給料を支払えば、FIモジュールの会計伝票で「給与」として登録します。するとこの「給与」が各部門の原価センタに費用計上されます。

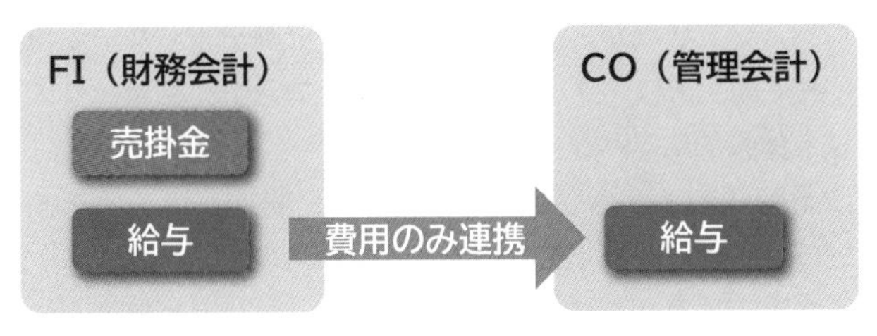

図8 FIとCOのつながり

Column PMOのお仕事

PMOは「Project Management Office」の略で、プロジェクトマネージャのサポートがお仕事です。

SAPプロジェクトは、大規模であることが多いので、プロジェクトマネージャ一人でプロジェクト全体を管理することは難しく、PMOの存在が不可欠です。

PMOの仕事は、主に次のようなものがあります。

①PMのサポート
②プロジェクト管理(進捗や品質)
③管理業務の効率化・標準化
④PMとメンバーのつなぎ役
⑤事務業務(経費取りまとめなど)

PMOのスキルを身につけるのに一番良いのがPMBOK(Project Management Body of Knowledge)を通して、プロジェクト管理のノウハウを学習することです。プロジェクト管理を学んでいない人のプロジェクトでは、独自スタイルの管理が行われ、プロジェクト状況がどうなっているのか一見分からない状況になりがちです。PMBOKでは、スコープ、スケジュール、コスト、品質、リスク、組織などの管理方法を体系的に学べます。

プロジェクト管理のノウハウが大事な一方で、管理がガチガチすぎるとプロジェクトメンバーが管理に割く工数が大きくなり、ストレスもかかります。PMOはどのレベルで管理すればPMやクライアント、メンバーが気持ちよく仕事ができるか、周りに配慮できる素質も重要です。

SAPプロジェクトは大規模プロジェクトであることが多いので、PMOがいると助かることが多いです。自主的かつ気の利くPMOがプロジェクトにいるだけで、プロジェクトが楽になるのです。

第10章 SAP導入のポイント

第1章から第9章まで会社業務とSAPの話をしてきました。SAPでカバーできる会社業務のことが少しは分かってきたところでしょうか？

ここからは「SAPって、どうやって会社に導入していくの？」という話をしていきます。まずSAPの導入プロジェクトってこうやって進めていくんですよ、という話をする前に、プロジェクトをうまく進めるために知っておいた方が良いポイントをこの章ではお話します。

10-1 SAP導入プロジェクトは業務改革プロジェクト

システム導入＋業務改革プロジェクト

第１章の「SAPってなに？」でお話しましたが、「SAP導入プロジェクトは、**業務改革**（Business Process Re-engineering：**BPR**）プロジェクトでもあります。」と聞いて、SAP導入プロジェクトってシステム導入でしょ？ なんで業務改革プロジェクトなの？と思ったのではないでしょうか。

SAPは**グローバルスタンダードなERP**です。そのため、多業種・多企業が使えるように、SAPは世界標準の業務にマッチするようなシステムになっています。

これまで日本企業は、モノつくり大国として、各企業がカイゼン活動の繰り返しで、現場中心に生産性の効率化が進められてきました。また多くの企業は部門同士を競わせるようにカイゼン活動をしてきたため、部分最適が進み、会社全体で業務の標準化が難しい状況になっています。つまり、**全体最適化**を目指すグローバルスタンダードから取り残されている状況にあります。

SAPを効率的に、かつ海外現地法人も含めたグローバルで有効活用するには、部分最適の進んだ業務を、SAP標準に変えていく必要があります。そのため、SAP導入プロジェクトは、単なるシステム導入プロジェクトではなく、「システム導入＋業務改革プロジェクト」であるのです。

Fit to Standard

業務をSAPの標準に変えていくことを**Fit to Standard（F2S）**と呼びます。Fit to StandardでSAPの標準機能を使うことにより、ほかのシステム（SaaSなど）と連携がシンプルになり、今後増えてくるであろう**デジタルトランスフォーメーション**（Digital Transformation：**DX**）案件の土台作りにもなります。

単なるシステム導入プロジェクトであれば、システムを導入して、今の業務を楽にすることが目的になります。もし業務ユーザーが、「SAPを入れて、業務が楽になる」と思い込んでいたら要注意です。

ERPを導入してメリットを一番享受できるのは経営層です。ERPを導入することで、データの粒度を統一でき、経営判断に使えるデータを**リアルタイム**に収集できるからです。一方で、それらのデータを集めるために、これまでやっていなかった業務を追加でやらないといけなかったり、入力してこなかったデータを入力したりと、ERP導入プロジェクトでは現場にしわ寄せがいくことが往々にしてあります。ERPを導入し、業務改革をすることは必ずしも現場にメリットになるとは限りません。しかし、会社経営全体を考えた時に必要な業務変更であれば、経営視点でのメリットを伝えるのもSAPコンサルの仕事です。

SAP導入プロジェクトでは、まず業務ユーザーに「会社全体で業務を標準化すること」、そして「業務標準化による会社視点でのメリット」を理解してもらった上で、プロジェクトを始めることがポイントの1つになります。

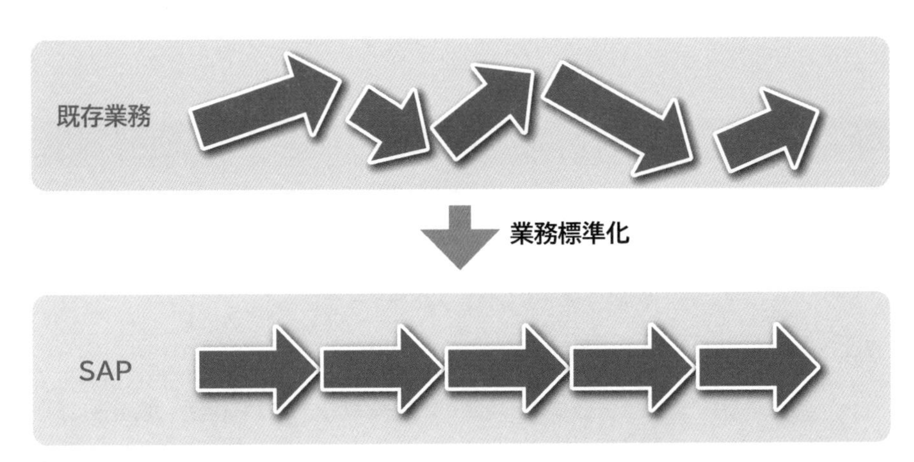

図1 Fit to Standard

10-2 SAP標準機能とアドオン機能を使い分ける

アドオン機能を使うポイント

業務改革をし、**SAP標準**に業務を合わせることができれば、標準機能を使って、業務プロセスを回すことができます。しかし、SAP標準に業務を合わすことができない場合、業務にマッチするようなSAP標準外の機能を追加開発する必要があります。

この追加で開発する機能のことを**アドオン(Add-on)**と言います。アドオンは、次の4つの種類に分けられます。

アドオンの種類	説明
レポート	業務で参照するレポート機能 例)受注一覧、在庫一覧、購買発注一覧
インターフェース	他システムとのデータ連携機能 例)受注データ受信、入出庫データ送信
チェック・代入	データ更新・データチェック機能 例)入出庫伝票保存時に項目Aにデータが入っていない場合、エラーとする。項目Aにデータが入っている場合、項目Bに日付を入力
帳票	定型帳票機能 例)購買発注伝票の帳票、請求伝票の帳票 ※帳票とは、紙やPDFで出力するフォーマットのことです

表1 アドオンの種類一覧

アドオンのメリットは、次の通りです。

- 業務を変更する必要がない

逆にデメリットは、次の2つです。

- アドオン開発にお金がかかる
- バグが出る可能性がある

業務変更できない場合に、アドオン開発を決めます。業務変更できる場合でも、業務変更するための検討工数や変更後の業務運用工数と、アドオン開発コストを比較して、アドオン開発の方が安ければ、アドオン開発することもあります。

例えば、海外現地法人も含め、会社全体で必要な機能であれば、トータルの業務変更工数を抑えられるので、アドオン開発をします。

しかし、一部の業務でしか使わない機能であれば、業務変更することをおススメします。アドオンが多ければ、お金もかかりますし、設計、開発、テストも多大な時間がかかります。また、アドオンが多ければ、SAP S/4HANAから次のSAPのバージョンへバージョンアップする際に、アドオンの動作検証を1つ1つする手間が増えます。

SAP標準機能と違って、アドオンはSAP社からサポートされないので、バグ(不具合)が出れば、自分たちで対処をする必要があります。そのため、開発費用のみならず、保守費用にも影響してきます。

SAPを導入するメリットは、グローバルスタンダードな業務プロセスに合わせることができることなので、できる限りアドオンは避けたいところです。

とはいえ、業務を変えることで、実際に現場が回らないこともあります。アドオンすることがすべて悪いわけではありません。どの業務を変更し、どの業務をアドオン対応するかを総合的に判断することが、SAP導入プロジェクトをうまく進めるポイントになります。

10-3 周辺システムと連携することも考えよう

周辺システムと連携するメリット

SAPを周辺システムと連携するメリットは、3つあります。

- SAPライセンス費用の削減
- 使いやすいデータ入力システムの使用
- SAP ERPでカバーのできない業務領域システムとのデータ連携

SAPライセンス費用の削減

SAP ERPは、グローバルスタンダードかつ標準機能が充実している分、ほかのERPと比較してライセンス費用がやや高めだとされています。

ライセンスとは、SAPを使用できる許可証のことです。SAPでは1ユーザーごとに、1ライセンスが与えられます。そのため、すべての業務ユーザーがSAPを使えば、それ相応のライセンス費用がかかります(ライセンス費用は、非公開でSAP社と導入企業との間で決まった契約に依存します)。

そこで考えられる対応案が、**データ入力専用システム**を別に構築し、ユーザーはこのデータ入力専用システムを使うことで、ライセンス費用を削減するというものです。

ただし、データ入力専用システムを別に構築し、SAPとデータ連携をするためには、構築費用やインターフェース開発費用、保守費用がかかってきます。そのため、SAPライセンス費用と、データ入力専用システム費用のどちらが安くなるかを比較し、データ入力専用システムを構築する方が安いのであれば、そちらの対応案をとるのも1つです。

使いやすいデータ入力システムの使用

SAPは、グローバルスタンダードに合わせられたデータ入力画面になっています。そのため、入力項目の並びであったり、使用する項目が分かりづらいところにあったりします。

SAPを導入するからといって、SAPのデータ入力画面を使用することにこだわる必要はなく、ユーザーが使いやすいデータ入力専用システムを構築したり、SaaSのようなシステムと連携することも1つの案です。SAPのライセンスと同様に、ユーザーのデータ入力運用も考慮し、費用対効果の高いシステムアーキテクチャを検討することも重要です。実際に、ユーザーの使いやすいデータ入力専用システムを新規構築したり、既存システムとSAPを連携したり、モバイルも利用できるSaaSシステムと連携したりする会社もあります。

また、最近では**RPA**(Robotic Process Automation)を使って、人の代わりにロボットプログラムでデータ入力代行や、データ抽出代行をしてもらう対応案も増えてきています。

このようにSAP以外の新しいツールを使ったり、データ入力用システムを構築したりして、トータルでベストな業務運用を考えていくことも重要です。

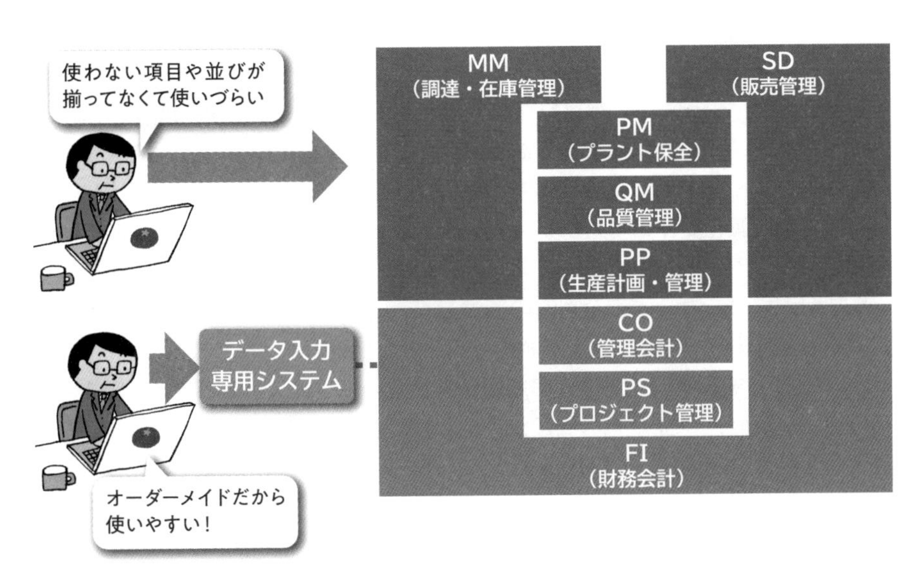

図2 SAP専用画面とデータ入力専用システム使用の比較

SAP ERPでカバーのできない業務領域システムとのデータ連携

第３章の「SAPモジュールってなに？」でお話しましたが、SAPは会社全体の業務を標準でカバーしているといえど、それぞれの会社独自の業務もあるため、細かい業務要件をカバーできないケースがあります。例えば、

- マスタ管理
- 設計管理
- 倉庫管理
- 多段階承認ワークフロー
- BI(データ分析)

などが挙げられます。

細かい業務要件をカバーするために、ほかのシステムが単独で使われているのは、データ整備の観点から、もったいないことです。

例えば、倉庫の棚番レベルまで細かい在庫管理をするために、倉庫管理システムを個別で持っているとします。この倉庫管理システムでも、品目マスタや棚番レベルの上位のプラントや保管場所もマスタとして保持しています。仮に品目が増えたとき、SAPと倉庫管理システムがデータ連携していなければ、両方のシステムに品目マスタを登録しなければなりません。

そうなれば、ユーザーにとってはデータの二重入力運用をすることになり、業務工数もかかりますし、入力ミスなどのトラブルにもつながります。そのため、周辺の細かい業務要件を満たすシステムとのデータ連携も、SAP導入プロジェクトでは考慮していく必要があります。

SAP ERPのみのことを考えるのではなく、ユーザー業務全体のことを考え、システム全体のアーキテクチャを検討することが重要です。

SAP社からもSAP ERP以外の周辺システムをリリースしています。第12章の「2027年から② SAP社の周辺システム」でSAP社がリリースしている周辺システムをいくつか紹介していきます。

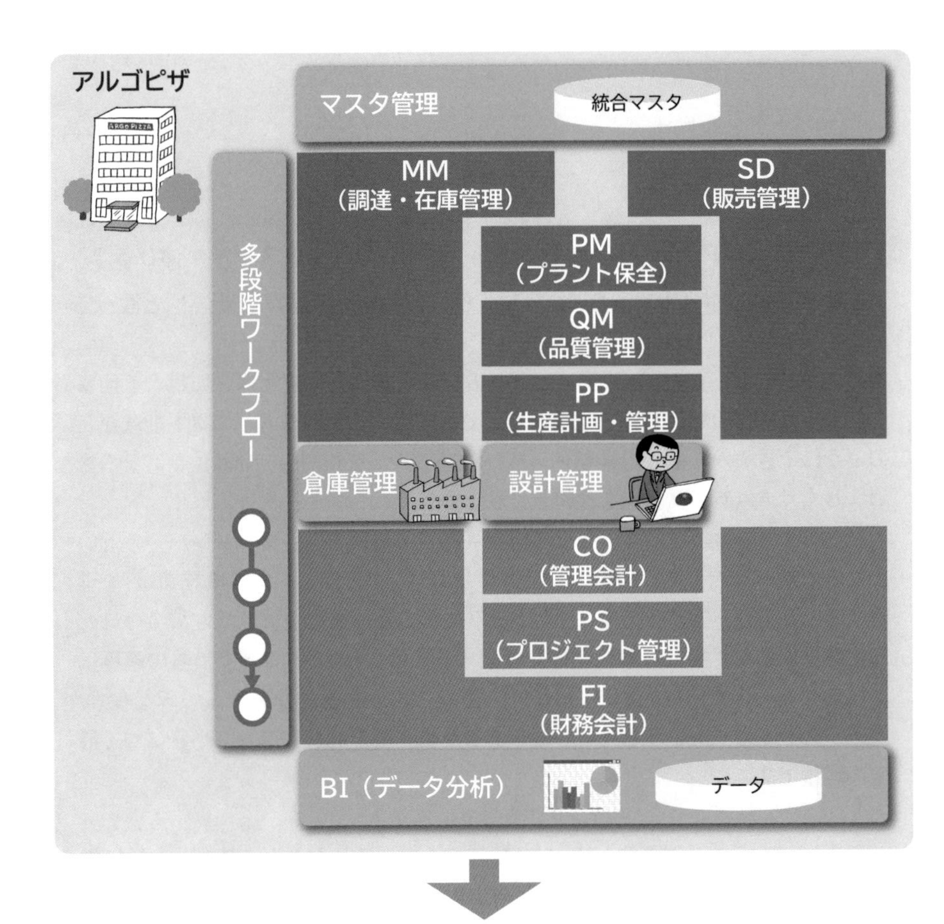

SAPでできる業務範囲と会社全体業務を俯瞰的に把握し、
システム全体アーキテクチャを検討していくことが重要

図3 SAP ERPと周辺システム

Column SAPコンサル vs 社内SE どっちのほうがスキルが伸びる？

私はSAPコンサルという身でありながら、Twitterで「社内SE最強！」と言っています。

社内SEとは、事業会社に勤め、自社のシステム構築や運用保守に携わる仕事をします。自社の経営戦略を理解した上で、IT面から業務改善やコスト削減がどのようにできるかを考え、業務メンバーと対応方法を検討し、新しいシステムを導入したり、既存システムを改修したりします。

社内SEが最強の理由は、会社の業務を頭からお尻まで、業務メンバーの近いところで学べる点です。SAPコンサルになれば、1モジュール(1業務領域)を理解するところから始まるので、社内SEのように会社業務全体を学ぶ機会はほとんどありません。会社の業務全体を理解するには、社内SEほど、最強の職種はありません。また、社内SEになれば、SAPのような基幹システムのみならず、周辺システムやインフラも見る必要があるため、総合的なITスキルも身につく最適な職種です。

とはいえ、私がなぜSAPコンサルをしているか？

それは、SAPコンサルをしていれば、「多くの企業に関われること」「人材価値が高く、高給であること」「SAPの最新情報や技術に常に触れられること」の3点にあります。

プロジェクトを通して、多くの企業に触れられることは刺激的ですし、2～3年おきに環境が変わるので、ぬるま湯につかることなく、常に成長できる環境に身を置けます。また、SAP人材は数も少なく、高給であるので、大変な仕事に見合った報酬がもらえる点は魅力的です。さらに最大の魅力は、SAPの最新情報・技術に一次情報として触れられることです。IT業界は変化が激しいので、最新情報に触れられるということは、人材としても時代の変化にも対応しやすくなります。

社内SE、SAPコンサル、どちらも素晴らしい職種ですが、その時々で自分に働き方にマッチする方や、伸ばしたいスキルの方にキャリアチェンジするのも、選択肢の1つとして考えてもいいかもしれません。。

第11章

SAP導入プロジェクト

SAP導入プロジェクトは大規模で大変、というイメージが多くのSAP関係者の中にはあります。SAPプロジェクトが初めての人にとっては、今自分がどのフェーズのどのタスクを担当しているのか、分からない人もいます。

この章では、SAP導入プロジェクトの進め方と、各フェーズでのタスクや押さえておきたいポイントについて話をしていきます。プロジェクト全体の進め方が分かると、次のフェーズを予測して今のタスクに取り組めるので、タスクの質も高まります。

11-1 SAP導入プロジェクトのフェーズ概要

SAP導入プロジェクトの全体概要

SAP導入プロジェクトのフェーズは、企画・構想、要件定義、設計、開発、テスト、移行、トレーニング、運用保守という8つのフェーズに大きく分かれています。

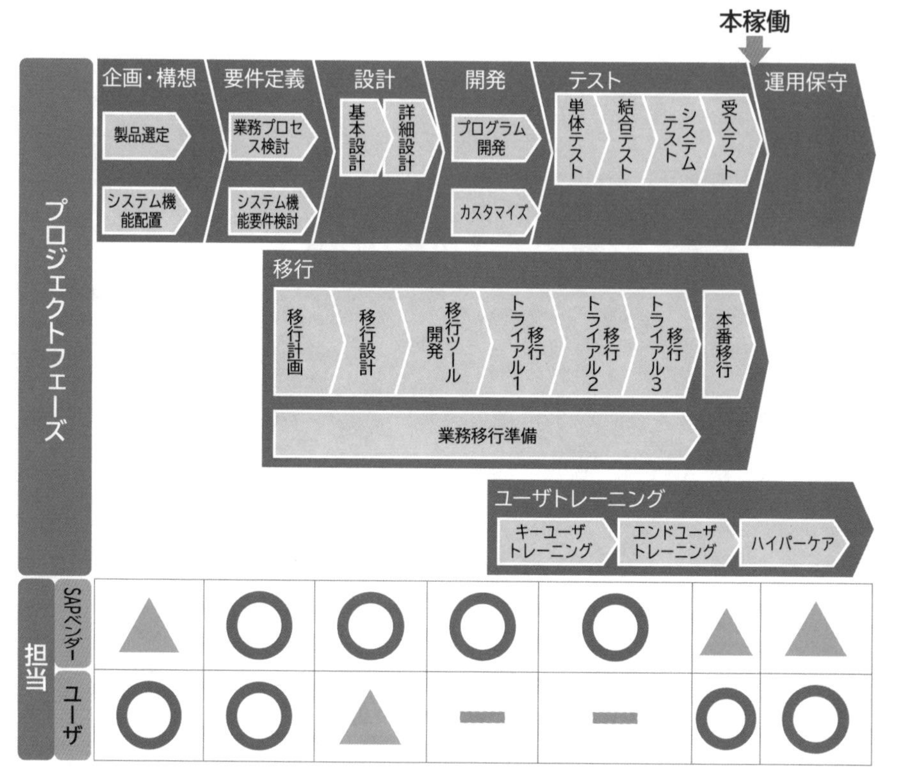

図1 SAP導入プロジェクトのフェーズと役割分担表

プロジェクトの始まりは、**ユーザー(事業会社)**からです。企画・構想や要件定義は、ユーザーがどういうシステムを導入し、業務・システムをどうしていきたいかを主体的に検討していきます。設計や開発、テストは、SAP導入のプロであるSAPベンダーがメインとなります。そして、受入テストからは、再度ユーザーがメインとなり、フェーズを進めていきます。

No.	フェーズ	説明
①	企画・構想	●システムを導入して実現したい目的・目標を決定 ●目的・目標を実現するために、どういうシステムを使うか、どういうシステム機能配置にするかなど、システム導入プロジェクトの大枠を決定 ●システムおよびベンダーを選定
②	要件定義	●現行業務とSAPシステムのGapの洗い出し ●業務プロセスごとに、業務をシステムに合わせるか、システムを業務に合わせるか検討
③	設計	●システムを業務に合わせることになったアドオン機能の設計
④	開発	●アドオン機能の開発 ●カスタマイズ設定(コンフィグ)
⑤	テスト	●アドオン機能の単体テスト・結合テスト ●業務プロセスが回るかのシステムテスト・受入テスト
⑥	移行	●現行システムからSAPシステムへのデータ移行 ●現行業務から新業務への移行準備
⑦	トレーニング	●SAPを使うためのユーザートレーニング
⑧	運用保守	●本番稼働後のシステムサポート

表1 フェーズとタスク内容

それぞれのフェーズでユーザーおよびSAPベンダーが主体となっていますが、お互い密にコミュニケーションを取り、協力し合うことがプロジェクト成功のカギです。ユーザーも「SAPベンダーにお金を払っているから全部やってもらう」ということではなく、「自分たちがSAP導入でどうしていきたいか」をSAPベンダーと共に詰めていくことが重要です。

また、SAPベンダー側もユーザーの要件を鵜呑みにするのではなく、**業務改革**

プロジェクトということをしっかり伝え、SAP標準に業務を合わせてもらえるように検討していくことが後続の設計・開発・テストフェーズを楽にします。

SAPプロジェクトは**ウォーターフォール型**で進めていきます。ウォーターフォール型のシステム導入とは、企画・構想→要件定義→設計→開発→テスト→本稼働というように、フェーズを分けて順に段階を経て行う方法です。下流から上流へは戻らない水の流れにたとえて、ウォータフォールと呼ばれています。

つまり、設計・開発・テストフェーズで「やっぱり、この業務をアドオンしたい」「要件の検討が漏れていた」ということになれば要件定義を再度することになり、**大きな手戻り**になります。そのため、各フェーズで決めるべきことを決めきり、終わらせるべきタスクを終わらせることが重要です。「この課題は難しいので、後々考えましょう」では、SAPプロジェクトでは手戻り・スケジュール遅延の原因になります。

ウォーターフォール型のメリットは、スケジュールが立てやすく、予算や人員の手配がやりやすいことです。そのため、大規模で品質を重視するSAPプロジェクトには、ウォーターフォール型が適しています。

特にスケジュール立案面で、SAPプロジェクトはウォーターフォール型が最適といえます。SAPは会社全体の業務に関わるシステムなので、既存システムからのデータ移行量も多大になります。そのため、本番移行・本番稼働を年末年始やゴールデンウイーク、お盆休みに設定することが多く、大型連休中にデータ移行を完了させ、本番稼働をするためのスケジュールを立てやすいウォーターフォール型が適しています。

ざっくりと各フェーズのことについて説明しましたが、これだと各フェーズで具体的にどのようなタスクを進めるのか、まだイメージできないですよね？

それでは次に、各フェーズでどのようなタスクをするの？ 注意すべきポイントは？というお話をしていきます。SAPプロジェクトが初めての人は、自分が今どのフェーズをしていて、どのようなタスクがあるのか、そして次のフェーズに向けて、どのようなことをしていかないといけないのか予測できるようにしましょう。

11-2 企画・構想

プロジェクトの方向性を定める

企画・構想フェーズでは、

- 何を目的にシステムを導入するか
- どこの拠点・事業部を対象にシステムを入れるか
- 将来的に会社のシステムをどうしていきたいか

ということを、まずはユーザー企業内部で検討します。

その後、目星をつけた各ベンダーに対して、**RFI**(Request for Information：情報提供依頼書)、**RFP**(Request for Proposal：提案依頼書)を送り、回答をもらいます。RFI、RFPの目的は、それぞれ次の通りです。

- RFI：ベンダーの持つ製品やサービスや実績などの情報をもらうこと
- RFP：ベンダーからシステム構築の提案・見積をもらうこと

RFIやRFPを依頼してからベンダーが決まるまでは、次のような流れで進みます。

❶ユーザー企業内でERPシステム導入を決定。ERPシステム導入で実現したい目的・目標を検討
❷ベンダーやERP製品情報収集のためのRFI作成し、各ERPベンダーにRFI回答を依頼
❸ERPベンダーがRFI回答をユーザー企業に提出。RFI回答をもとに、ユーザー企業内でERPベンダーやシステム選定を検討

❹システム構築の提案・見積をもらうためのRFP作成し、各ERPベンダーにRFI回答を依頼
❺ERPベンダーがRFP回答をユーザー企業に提出。ユーザー企業内で、どのベンダーやシステムが良いか検討
❻ユーザー企業にて、導入するERPシステムおよびベンダーを決定

❺のRFP回答後に、各ERPベンダーにプレゼンをしてもらうこともあります。そして、❻にてユーザー企業によりSAPベンダーが選定されることによって、SAP導入プロジェクトがスタートします。

ERPを導入する目的の定義

企画・構想フェーズは、**プロジェクトの指針**を決める重要なフェーズです。プロジェクトの指針は、RFPにも盛り込みます。プロジェクトの指針に沿ったシステム導入提案をしてもらえるERPベンダーを見極めるために、ユーザー企業内でしっかりと方針決めができていることが重要です。また、指針となる「ERPを導入する目的」が固まっていないと、後に続く要件定義フェーズで、要件を定められません。

例えば、アルゴピザでは、

- 全世界のアルゴピザにERPを導入し、グローバルで共通の経営指標を示して、スピーディーな経営判断につなげる
- アルゴピザ全体で、共通の業務プロセスに合わせる
- 製造・購買の実績を取得し、原価管理の精度を高める

といった指針を企画・構想フェーズで決めます。

この指針があることにより、要件定義フェーズでは、

- グローバルで共通の経営指標となる値項目を検討する
- 例外業務プロセスは見直して、ERP標準に業務を合わせる
- 製造実績・購買実績を正確に入れる仕組みを検討する

といったことがプロジェクトで一貫してできるようになります。

インフラの検討

また、業務要件のみならず、インフラ面の方針決めもします。

インフラ面においては、**オンプレミス**(自社内でサーバ管理)とするか、**クラウド**(AWSやAzure、SAP HANA Enterprise Croudのようなクラウドサーバ)とするかも方針決めします。

これまではオンプレミスで、自社内でサーバを自分たちの会社に合わせた仕様に設定、管理することが主流でしたが、オンプレミスのデメリットは、サーバ調達まで2～3カ月のリードタイムがあること、サーバのスペックアップが難しいこと、コストが割高であることが挙げられます。

一方のクラウドは、AmazonやMicrosoft、SAPが管理するサーバを間借りさせてもらうような形式で、リードタイムなしに使い始められ、サーバのスペックアップも容易にでき、コストも抑えられることが特徴です。SAPを使う企業は、海外法人にSAPを展開したり、大量データを処理したりするため、最近では容易にサーバのスペックを拡張できるクラウドサーバを使う企業も増えています。

移行方法の検討

SAP S/4HANAへの移行方法は、**Greenfield**(グリーンフィールド)(新規構築/再構築)と、**Brownfield**(ブラウンフィールド)(テクニカルコンバージョン)の2種類があります。

Greenfieldの場合は、新規でSAPを構築していくため、これを機にFit to StandardでSAP標準に業務を合わせるプロジェクトとして活動していくことも可能です。

Brownfieldの場合は、SAP ECC6.0からSAP S/4HANAへのテクニカルコンバージョンという形で、既存機能はそのままとなるので、あまり付加価値のないプロジェクトになってしまうケースもあります。

この点も踏まえて、Greenfieldとして新規で構築していくのか、Brownfieldとして既存踏襲するのかも方針決めしていきます。

SAPコンサル参画の検討

企画･構想フェーズは､基本的にユーザー企業自身で実施するものです。しかし、SAP導入のような大規模プロジェクトだとユーザー企業内にプロジェクト経験者がほとんどおらず、何を決めていけばいいか分からないこともあります。

そこで、**コンサル**という形でSAPベンダーや協力会社が、企画・構想フェーズ時点から参画することもあります。コンサルに参画を依頼すれば、企画・構想フェーズで何を決めればいいか、どのように進めればいいかを他プロジェクトの経験をもとにリードやアドバイスをしてくれるでしょう。

しかし、コンサルに入ってもらうからといって、丸投げするのではなく、ユーザー企業自身が導入プロジェクトでどのようにしていきたいのかという｢想い｣を持つことが重要です。

コンサルに依頼すると、コンサルの思うように動かされることもあるので、企画・構想フェーズからコンサルに参画してもらうのであれば、ユーザー企業が当事者意識を持ってプロジェクトに臨むことが重要です。

①システム企画・検討	②RFI作成	③RFI回答受領・評価
・何のために ・どのようなシステムを ・どのような方法で導入するか	・ベンダー数社にシステム企画の内容を提供 ・ベンダーの製品・サービス・実績などの情報提供依頼	・ベンダーからRFIの回答を受領 ・各ベンダーのRFI回答内容を評価・比較
④RFP作成	**⑤RFP回答受領・評価**	**⑥製品・ベンダー選定**
・システム構築のための要件をまとめる ・ベンダーにシステム構築の提案・見積の提供依頼	・ベンダーからRFPの回答を受領 ・各ベンダーのRFP回答内容を評価・比較	・RFPの回答をもとに、製品・導入ベンダーの選定

図2 企画・構想から製品・ベンダー選定までの流れ

11-3 要件定義

実現方法を検討しよう

要件定義フェーズでは、現行業務をヒアリングし、SAPの標準プロセスにマッチするかどうかを確認していきます。これを**Fit&Gap**と呼び、SAP標準プロセスにマッチする業務をFit、マッチしない業務をGapとして整理していきます。

そして、Gapとなったもの(現行業務ではSAPの標準機能で実現できないこと)にどう対応していくかを次の2択から検討していきます。

選択肢	メリット	デメリット
①業務をSAPに合わせる(業務改革)	会社共通(グローバル含め)で業務を標準化できる	どう業務変更するか検討する必要がある
②SAPを業務に合わせる(アドオン開発)	業務変更の必要なし	アドオン開発によるコストがかかる

表2 標準機能とアドオン機能のメリット・デメリット

①の「業務をSAPに合わせる(業務改革)」の場合は、どのように業務を変更し、SAPで業務運用をしていくかも要件定義フェーズで検討していきます。この段階で、運用イメージまで固めておくことで、後々業務変更が覆されないように部門のキーマンと合意しておくことが大事です。

要件定義の最後には、**To-Be(あるべき姿)**の業務プロセスフローを完成させ、机上では業務が回ることを確認します。

To-Be業務プロセスフローでは、どこの業務をSAP標準機能やアドオン、マニュアル(オフラインなど)で対応するかを明確にします。このTo-Be業務プロセス検討を業務領域ごと(調達、生産、販売、財務会計、管理会計)に検討、整理していきます。

また、業務領域と業務領域のつなぎの部分は、チーム合同で検討していきます(例えば、生産計画をもとに、購買依頼の自動登録をするか、マニュアルで登録するか、といったことは、生産、調達の合同で検討していきます)。

なお、Gapとなり、アドオン開発したいと要件定義で決まったものは、SAPベンダー側で開発工数の見積をします。見積をした上で、ユーザー企業側で予算内に収まるのか判断し、予算内に収まらない場合は、どのアドオンを開発してもらうのかを優先順位付けをし、最終的にアドオン開発する機能を決定していきます。

仮に予算内に収まらず、アドオン開発できないとなった機能は、業務をSAP標準に合わせるか、Excelなどを使って対応するかなどの運用検討することも重要です。

ユーザー企業側の予算で実現できないアドオン開発は、どのプロジェクトでも必ず出てきます。そのため、要件定義フェーズではコストを意識して、To-Be(あるべき姿)の業務を検討していくことが大事です。特にSAPベンダー側は、ユーザーの「御用聞き」にならず、業務改革を積極的に進める姿勢でなければ、要件が予算内に収まらず、要件定義フェーズが終息しないこともあるので、SAPコンサルとしての腕の見せどころです。予算の関係でアドオン開発できなくても困らないように、業務変更で対応できる案も持って要件定義を進めていきましょう。

業務ヒアリング
・ユーザー業務のヒアリング
・業務課題の洗い出し
・SAP 実機デモ

Fit&Gap
・SAP標準機能にFitする業務とGap業務の仕分け
・Gap業務の対応案検討

To-Be 業務プロセスフロー
・SAP標準機能やアドオン、オフライン業務をプロセスフローを使って整理

Gap 対応案は、予算を考慮し、オフラインでの対応案も検討

図3 要件定義フェーズの進め方

11-4 設計と開発

アドオンを設計しよう

設計フェーズでは、要件定義フェーズでGap(業務とSAPが合わない)となったもので、業務を変えずに**アドオン開発**をする機能の設計をしていきます。

第10章の「SAP標準機能とアドオン機能」のところでもお話しましたが、アドオンは次の4つに分類されます。

アドオンの種類	説明
レポート	業務で参照するレポート機能 例)受注一覧、在庫一覧、購買発注一覧
インターフェース	他システムとのデータ連携機能 例)受注データ受信、入出庫データ送信
チェック・代入	データ更新・データチェック機能 例)入出庫伝票保存時に項目Aにデータが入っていない場合、エラーとする。項目Aにデータが入っている場合、項目Bに日付を入力
帳票	定型帳票機能 例)購買発注伝票の帳票、請求伝票の帳票 ※帳票とは、紙やPDFで出すフォーマットのことです

表3 アドオンの種類一覧

基本設計

要件を把握しているSAPベンダーが、機能概要レベルの**基本設計**をします。しかし、設計フェーズからSAPベンダーのタスク負荷が高くなるため、SAPベンダー側の新規メンバーが要件をベンダー内部で引継ぎをし、基本設計することもよくあります。

基本設計は、アドオン開発の「概要」なので、開発の考え方(ロジック)や、レポート、帳票などに出力する項目に問題がないかを、ユーザー企業側でもレビューをします。後々、受入テストで「こんな機能だと想定していなかった」とユーザーから言われることもあるので、基本設計の段階でしっかりと設計内容をユーザーに説明し、レビューを受けておくことが重要です。

詳細設計

基本設計が終わり次第、**詳細設計**に入ります。

詳細設計では、どういったメソッドを使うかなど、プログラム寄りの設計になります。そのため、設計メンバー(要件定義メンバー)から開発メンバーに基本設計の説明をした後に、開発メンバーによって詳細設計が行われます。

詳細設計に関しては、ユーザーのレビューはありません。家の建築で言うと、どのようなネジやパイプを使って家を建てていくかといった設計なので、詳細設計はSAPベンダーが主体となって進めていきます。

アドオンを開発しよう

開発フェーズでは、基本設計・詳細設計をもとに、プログラム開発を行います。

小さいプロジェクトだと、詳細設計と開発をするエンジニアが同じこともありますが、大きいプロジェクトだと詳細設計と開発の担当を分けることもあります。

SAPのアドオン開発では、**ABAP**(アバップ)(Advanced Business Application Programming)と呼ばれるSAP独自のプログラミング言語でソースコードを書いていきます。

また、開発はできるだけコストを抑えたいため、契約社員を雇ったり、**オフショア拠点**(中国やインド、ベトナム、フィリピンなど)で開発をしたりすることもよくあります。特に最近では、オフショア拠点を利用するプロジェクトが増えてきています。

オフショア拠点の場合、開発者が日本語を話せないこともあります。通常は**ブリッジSE**といって、オンサイトメンバーとオフショアメンバーをつなぐ役割の人がいますが、ブリッジSEが細かい仕様まですべてを把握することはできません。そのため、オンサイトの設計担当者は、簡単な英語の読み書きができた方が仕事をしやすくなります。

11-5 テスト

アドオンや業務プロセスをテストしよう

テストフェーズは、ソフトウェア開発の**V字モデル**に沿って実施されます。こんな図を見たことないでしょうか？

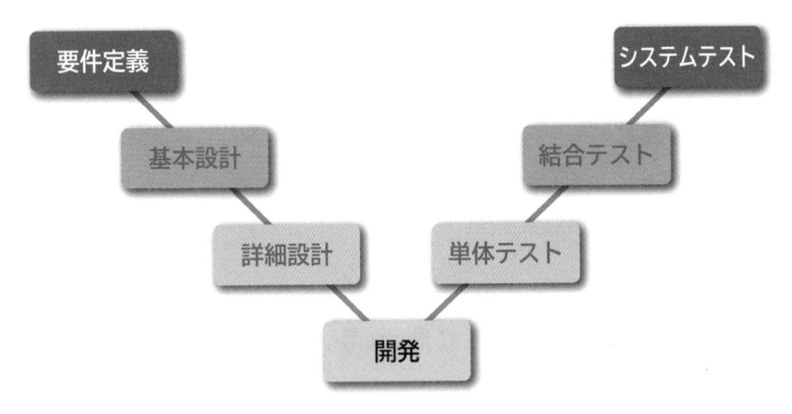

図4 V字モデル

- 単体テストは、詳細設計をベースにテスト
- 結合テストは、基本設計をベースにテスト
- システムテストは、要件定義をベースにテスト

といったように、開発したアドオンが設計や要件定義の内容を満たしているかをテストします。

テストは、事前にテストシナリオやチェック項目の作成、テストデータの準備をした上で行います。テストシナリオやチェック項目は、設計者・要件定義者によって作成されますが、テスト自体は若手メンバーやオフショアメンバーにて実施することもあります。

単体テスト、結合テスト、システムテストまでがSAPベンダーによるテストです。

受入テスト

システムテストまで終わると、ユーザー企業側による**受入テスト**を行います。

受入テストでは、SAPを使って業務が回るかのチェックをします。受入テストは、基本的にユーザー企業側ですべて完結すべきタスクではありますが、SAPの操作方法、チェックしておいた方がいいポイントなどの確認は、SAPベンダーに質疑応答しながら進めていきます。

よくあるのが、受入テスト段階になって、「こんな仕様だとは思わなかった、こんなこと聞いていない」とユーザー企業側からちゃぶ台返しをくらうことです。

原因は、要件定義フェーズで運用イメージまでしっかりと落とし込めていなかったり、設計フェーズで仕様の説明がしっかりとできておらず、レビューがうやむやになっていたりする場合に出てきます。

受入テスト段階で、アドオン開発の仕様変更を余儀なくされた場合、本番稼働のスケジュールにも影響します。

こうならないために、

- **「要件定義フェーズ」でユーザー企業と運用イメージまでしっかりと落とし込み、ドキュメントに残しておくこと**
- **「設計フェーズ」の基本設計レビューで、あいまいな箇所をユーザー企業側となくしておくこと**

の2つが重要です。

ユーザー企業側は当事者意識を持って、要件定義フェーズでの業務運用検討、設計フェーズでのアドオン機能概要のレビューをすることが大事です。SAPベンダー側は要件検討したり、設計で説明したりしたことをドキュメントやメールで事実として残すようにしておきましょう。

11-6 移行

SAP S/4HANAにデータを移行しよう

ここからは主流のフェーズからは離れますが、重要なフェーズです。
移行フェーズでは、

1 移行計画
2 移行設計
3 移行ツール開発
4 移行トライアル
5 本番移行

といったタスクがあります。
3の移行ツール開発は、アドオン開発と合わせて実施したいので、1の移行計画を要件定義フェーズから始めることもあります。

前述したようにSAPの移行方法には、Greenfield(新規構築/再構築)と、Brownfield(テクニカルコンバージョン)の2種類があります。Greenfieldの場合は「データ移行検討」、Brownfieldの場合は「テクニカルコンバージョン検証」を行います。
また、移行フェーズでは「業務移行」といって、現行の業務からTo-Be(あるべき姿)の業務に変更する際の対策も検討していきます。
移行ができなければ、本番稼働ができないので、要件定義、設計、開発、テストといったフェーズと並行して、確実に進めていかなければならないタスクです。小さなプロジェクトでは、各モジュールの担当者が移行タスクを兼任することもありますが、大きなプロジェクトであれば移行専属のチームを作ることもあります。

移行計画	移行設計	移行ツール開発	移行トライアル	本番移行
・どのデータを移行するか ・どのように移行するか ・移行にかけられる期間の確認	・移行データの整備 ・移行手順策定 ・リカバリープラン策定	・移行ツール開発（移行元抽出、データ加工、移行先投入）	・移行トライアルを複数回実施 ・トライ&エラーを繰り返し、精度を高める	・移行元のシステム停止点を作り、データ抽出 ・移行期間内にSAPにデータ投入

業務移行検討	業務移行通知	業務移行
・業務変更の影響範囲の確認 ・業務変更対応方法の検討 ・業務変更タイミングの検討	・業務変更によって影響のあるユーザに通知 ・業務変更方法のレクチャー	・SAPへの切替とともに、業務変更を実施

図5 移行スケジュール

データ移行検討(Greenfieldの場合)

Greenfieldでの移行の場合、現行システムからSAPへの**データ移行**を検討していきます。

データ移行では、現行データの用途確認、テーブル・項目マッピング(データ型や桁数なども含める)を1つずつしていく必要があるので、地味で大変な作業です。

現行データ用途確認では、「現行システムのこの項目のこういう値は、SAPではこういう値でデータを入れないといけない」など、SAP全般の知識が必要となるため、幅広くSAPを知っている人材が求められます(例えば、現行データの受注のAという状態は、SAPでいうと受注の与信ブロックの状態だ、など)。

さらに、現行システムの仕様を保守担当者からヒアリングし、理解しないといけないので、高いコミュニケーション能力も求められます。

また、移行用のツールの開発もします。ツールには、

❶現行システムからデータを抽出するツール
❷抽出したデータを加工するツール
❸SAPにデータを入れるツール

の3種類があります。

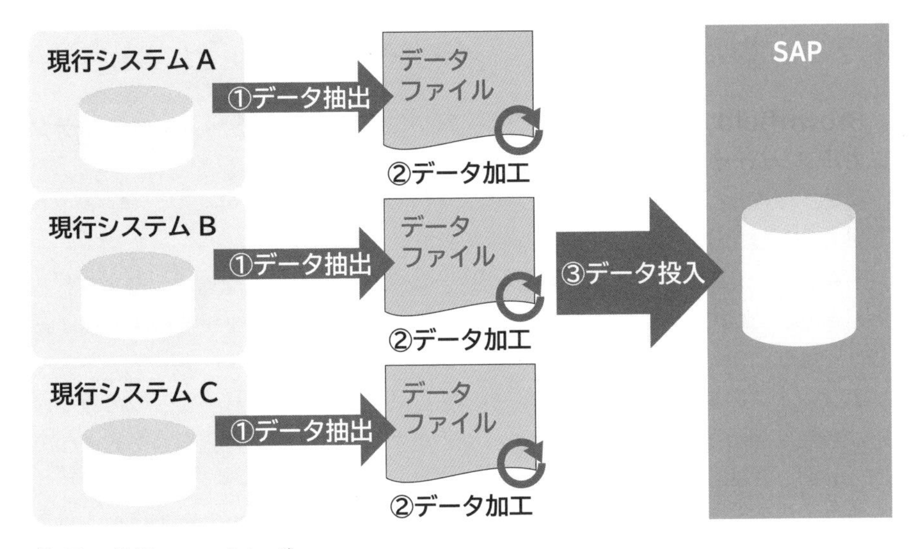

図6 移行ツールイメージ

たった3種類かと思われるかもしれませんが、複数の現行システムが1つのSAPに集約されるようなプロジェクトであれば、現行システムごとにツールの検討をしていく必要があります。

例えば、現行システムが、調達システム、販売システム、経理システムの3つに分かれている場合、3システム分のデータ抽出・加工ツールを開発する必要があります。

項目マッピング・移行ツールが揃うと、移行トライアルを実施します。いきなり本番移行で失敗するわけにはいけないので、トライアルを何回か実施します。特に初めの移行トライアルでは、必要な項目データが足りていない、桁数が間違っている、といったこともざらにあります。

移行トライアル後は、エラー分析・対応策検討など、トライ&エラーを繰り返し、本番移行に向けて精度を高めていきます。既存システム側のデータ抽出ツールの精度も関係してくるので、既存システムの保守担当者も巻き込みながら進めていくことが求められます。

テクニカルコンバージョン検証(Brownfieldの場合)

Brownfieldでの移行の場合、SAP ECC6.0からSAP S/4HANAへの**テクニカルコンバージョン**を検証していきます。

具体的には、SAP ECC6.0のコンフィグやアドオンが、SAP S/4HANA上でも動くかどうか検証していく必要があります。

SAP ECC6.0とSAP S/4HANAでは、テーブル構造が異なるオブジェクトもあります。そのため、SAP ECC6.0のコンフィグやアドオンがそのまま使えるわけではないので、地道な検証が必要なのです。

コンフィグの場合は、SAP社からnoteという形で、コンバージョンの際に対応が必要な箇所が明示されていますが、アドオンは自社独自で開発したモノなので、1つ1つ対応が必要です。

また、Greenfieldと大きく異なる点は、データがすべてそのまま移行されることです。ただし、データ容量が大きいとシステムダウンタイムが大きくなり、移行期間中に移行しきれないこともあるので、移行リハーサルで移行にかかる時間を計測し、大幅に時間を要するようであれば、あらかじめ不要なデータや過去のデータをアーカイブしておくことも考えられる対応案です。

業務移行

移行でもう1つ重要なのが、**業務移行**です。

業務移行で検討するポイントは、業務改革のために、要件定義でGapとなった業務プロセスを、アドオン開発をせずにSAP標準に合わせることです。

業務変更は、基本的にはユーザー企業が中心となって、どうやってSAP標準に業務を合わせられるかを検討していきます。しかし、SAPの使用部分は、SAPベンダー側もSAPの仕組みや考え方を説明しながら、対応案を練っていきます。そして、対応案ができたら、末端のエンドユーザーまで、業務が変わるポイントを説明し、本番稼働に備えて準備をしていきます。

本番稼働後の変更業務がすぐにフィットするかは分かりません。そのため、受入テストやユーザートレーニング期間を利用し、実際に業務が回るかの確認テストもしておく必要があります。

11-7 トレーニング

SAPの使い方を学ぼう

トレーニングフェーズでは、SAPの使い方をユーザーにトレーニングしていきます。

トレーニングの方法は、

- オンサイト
- マニュアルを配布

の2種類があります。

キーユーザーからエンドユーザーまで、すべてのユーザーをSAPベンダーがトレーニングしているとコストも高くなるので、SAPベンダーはユーザー側のキーユーザーにトレーニングをし、ユーザー企業内でキーユーザーからエンドユーザーにトレーニングをすることもあります。

オンサイトトレーニングをする場合は、どこまでSAPベンダーにトレーニングをしてもらうか、ユーザー企業内で検討をする必要があります。

ユーザートレーニング時には、**マニュアル**も必要なので、事前に作成します。作成もSAPベンダーがする場合もあれば、費用を抑えるためにキーユーザーのトレーニング後に、キーユーザー自身で作成する場合もあります。

トレーニングマニュアルには、次の3要素を含めるプロジェクトが多いです。

- 業務フロー
- SAPの操作方法
- 例外パターン

基本的には、要件定義フェーズで作成したTo-Be(あるべき姿)の業務フローに合わせて、SAPの操作方法を載せていきます。SAPの操作方法には、トランザクションコード、入力項目、クリックするボタンなどの説明を載せます。また、業務を標準化したといえども、部門ごとに発生する例外パターンについては、例外業務をする部門の担当者に、マニュアルを追記してもらうこともあります。

SAP導入プロジェクトのカギは、**ユーザートレーニング**にあるとも言われています。本番稼働前にどれだけユーザーをプロジェクトに巻き込めるかが、重要なポイントです。うまくユーザーを巻き込めなかった場合、本番稼働後に初めてSAPをさわるユーザーが多くなるので、トラブルや問い合わせが殺到し、業務に支障をきたします。

トレーニングでユーザーをうまく巻き込み、ユーザーに当事者意識を持ってもらえたプロジェクトは、ユーザーの協力を得られる体制が作られます。トレーニングがしっかりできることで、SAPに慣れてもらうことができ、実際にSAPをさわってもらって、検討が足りないと判断された業務については、本番稼働前にエンドユーザーまで巻き込んで対応策の検討ができるので、本番稼働後のトラブルを最小限に抑えることができ、プロジェクトが成功しやすくなります。

特にキーユーザーは、現行業務が忙しく、SAPプロジェクトに時間を割くことができないと言われることが多いので、時にはトップダウンでSAPプロジェクトに参画してもらえるような協力体制をつくることも大事な進め方です。

また、SAPのトレーニングをするとなると業務範囲も広く、1回のトレーニングですべてのユーザーに教えることができません。エンドユーザーまでとなると現行業務で忙しいこともあるので、事前に何の業務トレーニングをいつやるかといったスケジュールを策定して進めていきます。

特に業務変更となる部分に関しては、いきなり説明すると反発を食らうこともあるので、要件を一緒に検討したキーマンを交えつつ、進めていくことも重要です。

	キーユーザ	エンドユーザー	コスト
オンサイト	SAPベンダーから	SAPベンダーから	高
	SAPベンダーから	キーユーザーから	中
マニュアル	マニュアル読み込み	マニュアル読み込み	低

表4 ユーザートレーニングの実施パターン

11-8 運用保守

本稼働後のタスク

本番稼働をすると**運用保守**フェーズに入ります。特に本番稼働直後は、

- システムエラー対応
- ユーザーフォロー

の2つのタスクがメインになります。そして本稼働対応とともに、運用が安定してくれば、保守担当者への引継ぎも実施していきます。

システムエラー対応

システムエラーでは、

- **想定していないようなシステムの使い方をユーザーがした。**
- **システムテストでバグが潰しきれていなかった。**
- **想定以上の大量データが流れて、パフォーマンスが出ない。**

など、さまざまな要因でエラーが発生します。

業務は通常どおり回っているので、業務をできるだけ止めないようにエラーを1つ1つ即座に対応していく必要があります。また、エラーの原因を突き止めるため、プログラムやネットワーク、データベース、OSなど、問題を切り分けるスキルが必要になります。

ユーザーからすると迷惑な話ですが、SAPコンサルやSAPエンジニアからすると、システムエラー対応が一番スキルが伸びるタスクだとも言われています。

ユーザーサポート

ユーザートレーニングをしたとはいえ、実践で使ってみると、どうやってSAPで処理したらいいのか分からないところも出てきます。

そんな場合に備えて、本番稼働後、数日はユーザーのそばにSAPコンサルやSAPエンジニアが待機し、業務が止まらないようにいつでもサポートできる体制を作ります。ユーザーサポートをしつつ、何度も問合せを受けるような業務は、マニュアルに追記し、サポートがなくなった後も問題なく業務が回るようにします。SAPコンサルやSAPエンジニアからすると、ユーザーの現場に張り付けることは滅多にないので、ITに関する要望やSAPの改善点など、普段聞けないことが聞ける場です。

次の案件につなげられるヒントが転がっているので、ただサポートするだけでなく、次につなげられる関係性を作り、次なる課題を洗い出していくことも、できるSAPコンサル・SAPエンジニアの姿勢です。

保守メンバーへ引継ぎ

本番稼働後のシステムエラー対応やユーザーサポートが落ち着いてくると、導入メンバーはプロジェクトを去っていきます。その代わり、SAP保守専門のメンバーにバトンタッチされます。保守メンバーは、導入メンバーからシステム構成、設計書、マニュアルなどの引継ぎを受け、SAPが問題なく稼働できるようにします。

また、導入時に実現できなかった機能の追加や、新たな要望に対して、予算取りをし、システム拡張をしていきます。近年、「攻めのIT投資・守りのIT投資」というフレーズがよく使われるようになりました。**守りのIT投資**とは既存システムを維持することで、**攻めのIT投資**とはモバイル、IoT、AIなど、いわゆるデジタル領域のITに投資をし、会社の基幹業務システムの価値を高めていくことです。

システム保守は、単にシステムエラー対応やユーザーの問合せ対応をするだけでなく、会社の基幹業務システムがユーザー企業にとって、どうすればより有効活用してもらえるかを考えるのも保守の仕事の1つです。SAPを導入すると、会社データを活用する土台が整います。今後はデジタルシステムの活用案件が増えてくると想定されるので、保守担当者は守りではなく、攻めの姿勢を持つことが求められる時代になってきていることを自覚することが重要です。

第12章
SAPのこれからの展望

2021年現在、今も多くの企業ではSAP ECC6.0と呼ばれるバージョンのSAP ERPを使っています。

このSAP ECC6.0は、SAP社から2027年までしかサポートがされないことになっています。サポートがされないというのは、何かSAP ECC6.0で不具合が出ても、対応をしてもらえなくなるということです。不具合以外にも、法改正に伴うプログラムの修正も、SAPはしてくれなくなります。

そのため、多くのSAPを使用している企業が、2027年のサポート切れまでに、次のバージョンである「SAP S/4HANA」にバージョンアップしようとしています。

この章では、2027年までのことと、2027年以降のSAPの展望について、お話していきます。SAPコンサルやSAPエンジニアの方であれば今後のキャリアの参考に、ユーザー企業の方であれば今後のSAPの拡張方針の参考にしてください。

12-1 2027年まで

2027年までの対応方法

現在も多くの企業で運用されている**SAP ERP(SAP ECC6.0)**は、2027年でSAP社のサポートが切れます。SAP ECC6.0のサポートが切れると、SAP ECC6.0で不具合が起きてもSAP社は対応してくれなくなりますし、法改正があっても対応できるプログラム修正をしてくれなくなります。

ここでは、SAP ECC6.0サポート切れの対応方法と、ユーザー企業、SAPベンダー、SAPコンサル、SAPエンジニアごとのSAP S/4HANA化における取るべきポジションの観点についてお話していきます。ユーザー企業に所属する方は、2027年までにどのような対応を取ることができるのか、SAPベンダーに所属するSAPコンサルやSAPエンジニアの方は、サポート切れの中でどのようなポジションを取れるのか参考に読み進めてください。

SAP ECC6.0サポート切れ対応

今、日本国内には、約3,000社のSAP導入企業があると推測されています。しかし、SAPベンダーやSAPエンジニアの数も限られていますし、導入費用もかかるため、すべてのSAP ERP導入企業がSAP S/4HANAへバージョンアップをするわけではありません。

そのため、2027年のサポート切れまでの各社の対応は、次の３つになることが想定されます。

❶SAP S/4HANAへバージョンアップ
❷SAP ECC6.0のバージョンのまま(2030年まで延長サポート)
❸他社のERPへ乗り換え

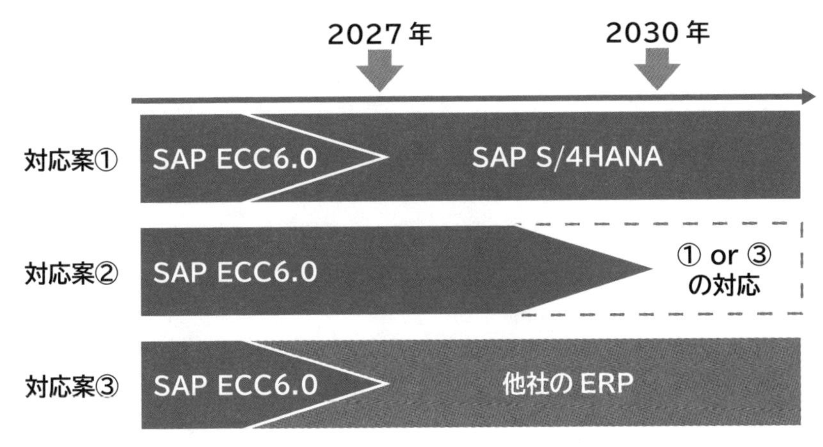

図1 SAP ECC6.0サポート切れの対応案

それでは、SAP ECC6.0サポート切れにおけるそれぞれの対応方法について、お話していきます。

対応案① SAP S/4HANAへバージョンアップ

一番多い対応になると予想されるのが、SAP ECC6.0からSAP S/4HANAへの移行です。

2021年現在、前述したように国内では3,000社以上のSAP利用企業があると推測されていますが、SAP S/4HANAに対応できるSAPベンダーは限られているので、すべての会社が2027年までにSAP S/4HANAへバージョンアップするには課題があると言われています。

ユーザー企業からすると、早めにSAPベンダーを見つけないと、SAP S/4HANAへのバージョンアップを考えていても見つからない、なんてことも起こりえます。

SAPのバージョンアップには少なくとも1年はかかります。かつ、国内複数拠点展開や海外拠点展開なども考えているのであれば、長くて5年くらいのプロジェクトになります。ユーザー企業の方は、SAP S/4HANAへバージョンアップするのであれば、早めに検討しなければ、乗り遅れてしまうことになります。

なお、SAP S/4HANAにすることにより、会社の基幹業務システムが格段にレベルアップします。まずSAP S/4HANAへバージョンアップすることにより、データベースが**SAP HANA**になります。

SAP HANAとは、SAP社が出しているデータベースのことです。SAP HANAの一番の特徴は、インメモリデータベースであることです。従来のデータベースのメモリは、ディスクにデータ読込・書込をする必要があったため、処理に時間がかかることが課題でした。しかし、SAP HANAでは大容量のメモリ上にデータを展開し、メモリ上でのデータ読込・書込を実現可能にしました。これにより、従来のデータベースよりも10～100,000倍の速度でデータ処理ができるようになりました。

データベースのデータ処理が高速になることにより、リアルタイムなデータ分析ができるようになります。SAP S/4HANAへバージョンアップし、SAP HANAを使用すれば、これまでできなかったビッグデータの解析や、多角的にマーケットや企業の状況を把握することで、素早い経営判断につなげることができます。

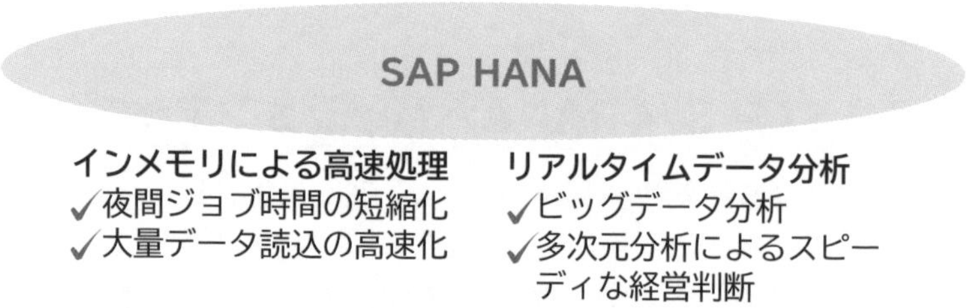

SAP HANA

インメモリによる高速処理
✓夜間ジョブ時間の短縮化
✓大量データ読込の高速化

リアルタイムデータ分析
✓ビッグデータ分析
✓多次元分析によるスピーディな経営判断

図2 SAP HANAのメリット

対応案② SAP ECC6.0のバージョンのまま(2030年まで延長サポート)

次に考えられる選択肢が、2027年時点ではSAP ECC6.0のバージョンのままにしておくことです。SAP社に延長保守費用を払えば、2030年までは延長サポートを受けることができます。

2027年までに国内のSAP利用会社がすべてSAP S/4HANAにバージョンアップすることは難しいため、この3年間の猶予期間を作った上で、SAP S/4HANAへバージョンアップするか、他社のERPに乗り換えるかを考える企業も出てくるでしょう。

3年の猶予期間ができるとはいえ、SAPのバージョンアップをするには充分な期間ではありません。どのタイミングで、どういった方法で対応していくかのロードマップは、2027年よりも前に検討し始めておく方が良いでしょう。

また、SAP ECC6.0を2030年以降も使い続ける企業も出てくるでしょう。でも不具合が出たらどうするの？ SAP社は対応してくれないんでしょ？ という疑問が湧いてきます。

その通りです。SAP社はサポートしてくれません。そのため、SAPの保守を**第三者保守ベンダー**に依頼する必要があります。第三者保守ベンダーの有名どころで言うと「リミニストリート」というERP保守を専門にしている企業があります。

SAP ECC6.0に不具合が出たり、法改正によるパッチ適用が必要になったりする場合、第三者保守ベンダーによって、パッチが提供されるようになります。そのため、SAP ECC6.0をそのまま使用することも可能だと考えられています。しかし、そこはSAP社と全く同じというわけではないので、SAP ECC6.0の拡張や新規機能追加については対応してくれない可能性もあります。会社の基幹業務システムがうまく機能しないということは会社として致命傷にもなりかねません。

2030年以降もSAP ECC6.0を使い続けたい場合は、第三者保守ベンダーがどこまでサービスを提供してくれるか、SAP社とのサポートの手厚さとどう違うのか、第三者保守ベンダーのサポートで事足りるのかなどを事前に問題ないことを調査しておく必要があります。

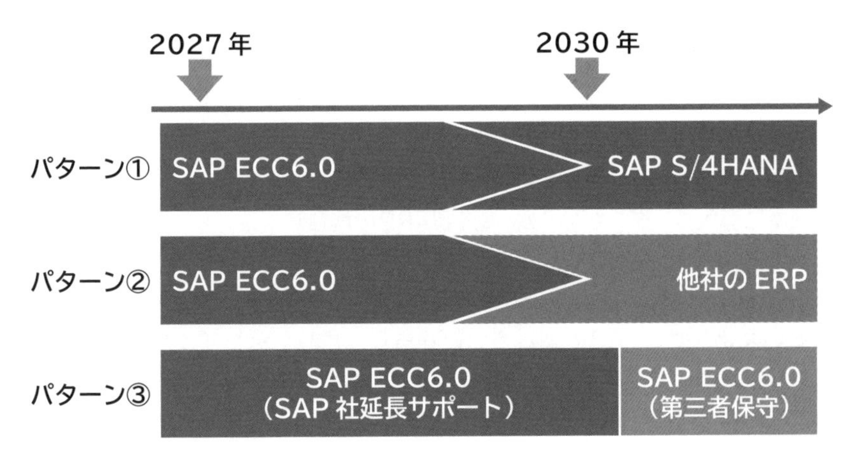

▲ 図3 延長サポート中の対応パターン

対応案③ 他社のERPへ乗り換え

3つ目の選択肢が他社のERPシステムへの乗り換えです。国内製品で言うと、

- NTTの「Biz∫」
- 富士通の「GLOVIA」
- 東洋ビジネスエンジニアリングの「mcframe」

海外製品で言うと、

- Oracleの「Oracle EBS」
- Microsoftの「Microsoft Dynamics 365」
- Inforの「Infor M3 Cloud」

といったERPシステムが有名です。

製品選定のポイントとして、次のようなことを調査する必要があります。

- 自社業務の要件を満たす機能が備わっているか
- 導入コスト、保守コストはいくらくらいかかるか
- 機能拡張は容易か
- 社内のデジタル化を見越して、他システムとの連携方法はどうか
- サーバがクラウド対応か、オンプレ対応か
- サポートは24時間×365日あるか
- 言語や通貨が対応しているか(海外展開もする場合)
- 日本でのサポートはあるか(海外製ERPの場合)
- 日本に導入ベンダーがいるか(海外製ERPの場合)

ERPリプレースは、20年に一度の機会なので、他社のERPを検討する良い機会ともいえますが、ERPの調査をゼロからしなければならず、かつ2027年までに乗り換える必要があるので、これはこれで大変なプロジェクトになります。

また、ERPベンダーも変わりますし、システムもすべて置き換わるので、SAPとのコスト比較のみならず、機能やサポートなど、さまざまな角度から念入りな

事前調査をすることが重要です。

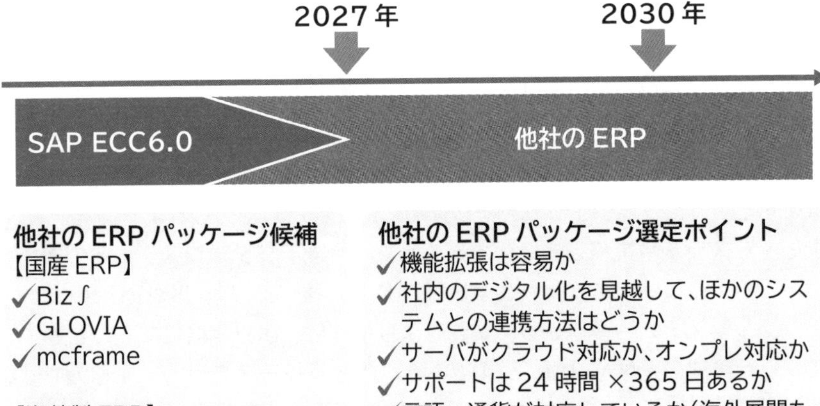

図4 他社のERPへの切替のポイント

プレイヤーごとのSAP S/4HANA化の影響

SAP ECC6.0からSAP S/4HANAへのバージョンアップは、ユーザー企業やSAPベンダーのみならず、SAPコンサルやSAPエンジニアにとっても大きな環境変化です。

ここでは、それぞれのプレイヤーごとにSAP S/4HANA化が与える影響や取るべきポジションについてお話ししていきます。

ユーザー企業視点でのSAP S/4HANA化

ユーザー企業からすると、早めにSAP S/4HANA化への検討を始めたいところです。

また、SAP S/4HANAへのバージョンアップは、全社の業務に影響するプロジェクトです。これを機に業務プロセスを見直し、社内システムを整理する最高の機会になり、かつSAP S/4HANAへバージョンアップができれば、会社の基幹業務システムの土台ができあがります。

これまでは、現場ユーザーが強く、現場でのカイゼン活動による個別最適が進んできた会社が多いと思います。しかし、これからはグローバル競争力を高めるために、全社横串での分析や、スピーディーな経営判断がより一層求められるようになります。そのためにデータの粒度を揃えるべく、全体最適を意識した業務改革をするようにプロジェクトを推し進めていくことも求められます。

また、システムや業務を標準化することで、今後デジタルシステムとの連携も検討がしやすくなります。SAP S/4HANAにした後に、モバイルやIoT、AIといったデジタルシステムと連携をし、業務をより便利に、より高度にすることもできます。現行業務の踏襲やSAP S/4HANAへのリプレースを目的にするのではなく、SAP S/4HANA化の後のデジタル化や分析高度化を視野にプロジェクトに取り組んでいくことをおススメします。

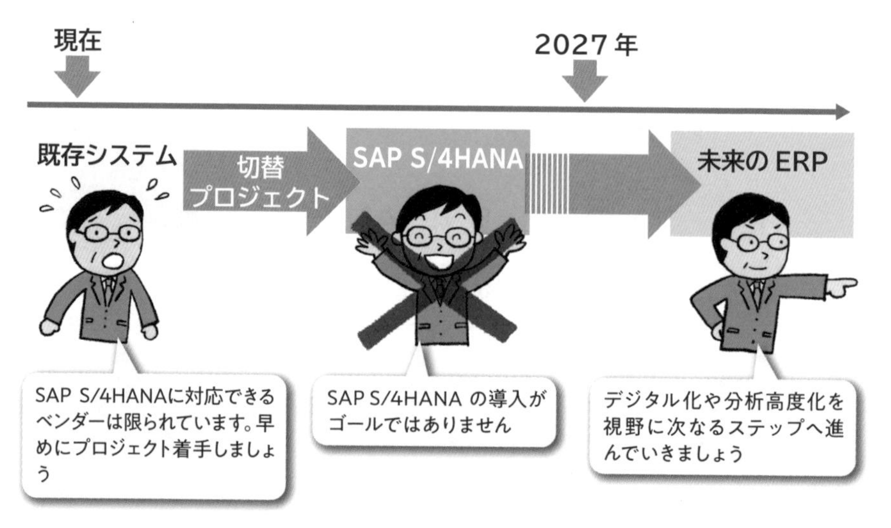

図5 SAP S/4HANA化とその後

SAPベンダー視点でのSAP S/4HANA化

SAPベンダーからすると、SAP S/4HANA化案件が大量にある状態です。SAP S/4HANA化の案件は全社にわたる大型プロジェクトになることが多いので、フルモジュール案件も多く、若手の育成ができる絶好の機会です。

若手にとって、フルモジュールの案件を経験することで、他モジュールとのつながりや、会社全体業務を知ることができ、次の案件にも活きてきます。

また、これまで取引のなかった企業との取引のチャンスでもあります。SAP導入案件が取れると、今後10年～20年の保守案件まで取れることが多いので、今後のデジタル化案件の提案などもしやすくなるでしょう。

SAPコンサル・SAPエンジニア視点でのSAP S/4HANA化

SAPコンサルや**SAPエンジニア**からすると、大量にSAP S/4HANA化の案件がある状態です。どの案件も会社全体にかかる大規模プロジェクトになるので、スキルアップの環境が整っており、絶好の成長できる機会です。

10年ほど前は、単一モジュールの案件も多く、若手にとってSAPフルモジュールを経験できることは少なかったので、今はSAPコンサル・SAPエンジニアにとって経験値を積むのに恵まれている状況です。フルモジュールのSAP導入プロジェクトを経験すると、全体感を養うことができ、ほかのモジュールのことも考慮した検討をする思考が身につきます。これはほかの案件に行った時にも役に立つ汎用的なスキルです。

また、これまでSAPに携わってこなかったITコンサルやITエンジニアにとって、SAPプロジェクトに参画するチャンスです。

SAPコンサルやSAPエンジニアは市場価値が高く、給与レベルも高いです。また、SAPのメリットはグローバルスタンダードERPということです。SAPに携わることで世界標準の会社業務・システムの考え方、いわば**世界標準の型**が身につきます。これほど汎用性高いスキルはないので、このタイミングでSAPにキャリアチェンジするのも、キャリア形成においてプラスになること間違いありません。

12-2 2027年から①
今後増えてくるデジタル案件

デジタル案件の種類

SAP S/4HANAへの移行が完了し、会社の基幹業務システムの土台が整えば、2027年以降はデジタル化案件が増えてくることが予想されます。

ここ数年で、**デジタルトランスフォーメーション**(Digital transformation：**DX**)や**デジタライゼーション**という言葉をよく耳にするようになりました。

ここでは、どのような案件が増えてくるか、そしてユーザー企業やコンサル・エンジニアはどのようなポジション取りをしていけばいいかについて、お話をします。

まず、デジタルと一口に言っても、さまざまな種類のものがあります。SAPを扱っている方にとっても、今後のトレンドをキャッチしておくことが重要です。1つ1つの特徴を捉え、どのような業務に活用していくことができるのか、SAPとどう連携できるかを戦略的に考えていくことが不可欠です。

デジタルには、次のような種類があります。

- IoT
- AI
- ビッグデータ
- モバイル
- 5G

それでは、それぞれの特徴と使いどころ、SAPとの連携イメージ例について、お話していきます。

IoT

IoT(Internet of Things)とは、直訳すると「モノのインターネット」という意味です。人やモノにセンサーなどの機器を取り付け、常にネットに接続し、その状態を確認することができます。

例えば、身近なものでいうと「スマートウォッチ」です。スマートウォッチを腕につけておくことで、あなたの体温や脈などを計測した結果をスマホアプリと連携し、日々の体調の分析をすることができます。

これはスマートウォッチにあなたの体温や脈を計測する“センサー”がついていることと、“ネットに接続”していることにより、スマホアプリに連携できる仕組みになっています。実際に、工場作業員がスマートウォッチをつけ、彼らの体調管理に使う事例もあります。

また、GPSの位置情報を読み取れるICタグを製品や材料につけておくことで、在庫場所をリアルタイムにシステムに連携することができます。これまでは在庫を移動させるたびに、わざわざ作業者がシステムに移動記録を入力していたのが、センサーが自動でシステムに連携し、在庫場所を書き換えてくれます。

スマートウォッチから体温・脈などの体調情報を収集し、従業員の体調管理をする

ICタグから位置情報を収集し、リアルタイム在庫管理をする

図6 IoTの使用例

例えば、IoTとSAPを合わせて使うのであれば、在庫管理や入出庫の業務に相性が良いです。

とある会社では、保管場所の出入り口にICタグを検知できるゲートを取り付け、ICタグのつけられた材料や半製品、製品がゲートを出入りするたびに、入庫、出庫、保管場所間転送を自動登録でできるようにしています。
また液体を入れるケースに、ある一定ラインより液体が少なくなるとアラートを上げるセンサーを取り付け、アラートが上がると購買依頼を登録するような仕組みを導入している会社もあります。これまでは液体の残量を人の目でチェックし、少なくなっていれば人手で購買依頼を登録していましたが、IoTを導入することにより、これらの人での作業がすべて自動でできるようになりました。
このように、今まで人手をかけていた作業を、ICタグやセンサーなどを使って、自動でシステムと連携させる仕組みを構築していきます。どのようにIoTを使えるか、どのようにSAPと連携させられるかは、アイデア次第です。アイデアを考える上で知っておくべきことは、どんな種類のIoTセンサーがあるかです。
なお、IoTの種類には、このようなものがあります。

- GPS
- 加速度センサー
- ジャイロセンサー
- 照度センサー
- 近接センサー
- 指紋センサー
- カウンター
- 振動センサー
- 電流センサー
- 温度計
- 湿度計
- 流量計

これらのセンサーをモノに取り付け、業務の自動化、データ収集の自動化を考えていきます。

AI

AI(Artificial Intelligence)とは、「人工知能」のことです。最近では、よくネットやテレビで耳にしますが、AIにもいくつかの種類があることをご存じでしょうか? 一口にAIといっても、次のような種類があります。

種類	活用事例
画像認識	●自動運転 ●名刺読み取り
言語認識	●チャットボット ●自動翻訳
音声認識	●スマートスピーカー ●Siri・Googleアシスタント
推論	●囲碁、将棋、オセロ

表1 AIの種類と活用事例

同じAIと呼ばれるものでも、使われている技術が全く異なるので、会社で導入する際は、「どういう目的のAI」を導入するか、適用したい業務にはどのAIが向いているのかをまずは検討・調査をする必要があります。

また、AIには「特化型・汎用型」、「強いAI・弱いAI」と呼ばれる特徴があります。

特化型AIとは、何かの機能に特化したAIのことで、囲碁や将棋、オセロなどは、特化型AIに含まれます。一方で、**汎用型AI**とは、機能に特化しておらず、人間と同じように自律して知的作業をこなせるAIのことです。汎用型AIはまだまだ発展途上の技術で、導入するにはまだまだ課題が残されている段階です。

強いAIとは、汎用型AIのように人間と同じように自分で考え、学習し、作業ができるAIのことです。**弱いAI**とは、自意識は持たず、プログラミングされた通りに動くAIのことです。

「特化型・汎用型」、「強いAI・弱いAI」とは、あくまで概念のことで、このような概念の話があるということは、AIもまだまだ発展途上の技術であることの裏返しになります。

実際には、特化型AIや弱いAIは私たちの身の回りにもたくさんあるので、会社にどう活かすかは、アイデア次第です。

例えば、AIとSAPを連携させた事例で言うと、工場の品質検査の工程で「画像認識AIソフト」を使っている会社があります。この会社には生産品入庫後に、QM(品質管理)モジュールを使って、生産品に不具合がないかをチェックする業務があります。今までは、人が目で見てチェックをしていたのを、画像認識ソフトを使って不具合品の検知をシステムですることに成功しています。しかし、自動化にたどり着くまでに、どの状態のモノが合格で、どの状態のモノが不合格かという情報をAIに人手で覚えさせる必要がありました。何千、何万というデータを揃えることで、画像認識の精度が徐々に向上し、自動化までたどり着いたのです。

AIを導入すれば業務がすぐに楽になるのではなく、AIごとに自動化するまでにどのような準備が必要なのかも、導入前に調査しておくことで、AI導入プロジェクトでのギャップが少なくなります。

ビッグデータ

ビッグデータとは、その名の通り、大量のデータなのですが、ビッグデータで一番重要なのは、**データ分析**です。SAP HANAもそうですが、近年、データベースの速度が劇的にアップし、これまでできなかったリアルタイムデータ分析や、多次元分析が可能になってきました。

ビッグデータ分析の事例で有名なのが、アメリカのウォルマートというスーパーマーケットの事例です。

ウォルマートでは、ビッグデータ分析により、30～40代男性によってビールとオムツを一緒に買われる傾向があることが分かりました。そこでウォルマートでは、ビールの棚の横にオムツを置くことで、売上を大幅にアップさせることに成功しました。これは、父親がオムツを買ってくるように妻に頼まれた際に、ビールも一緒に買うことが後になってた分かったのですが、ビッグデータ分析がなければ、この相関は分からないままでした。

このように、ビッグデータ分析をすることにより、これまで分からなかったデータ同士の相関を見つけることができ、経営戦略に活かすことができるようになります。

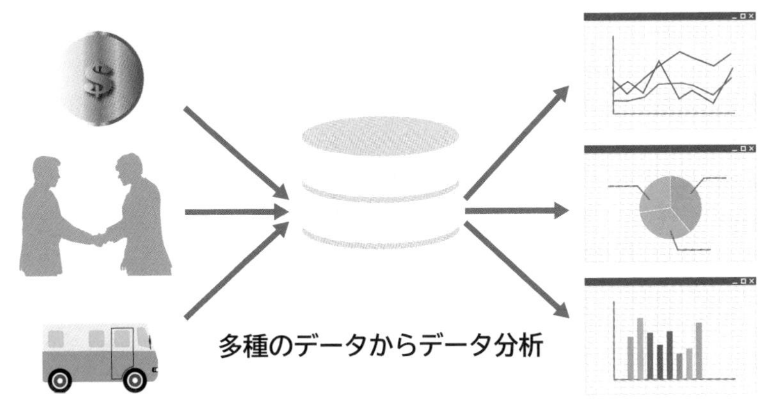

図7 ビッグデータの使用イメージ

SAP S/4HANAを導入している企業は、データベースであるSAP HANAに購買、生産、販売、原価、会計といった会社のデータすべてが入っているので、ビッグデータ分析をする土台は整っていると言っても過言ではありません。

ただし、ビッグデータ分析で一番難しいのが「どのような軸で分析するか」です。これまで通りの分析方法では、ウォルマートのようにビールとオムツの相関には気づけないでしょう。そのため、ビッグデータ分析には**データサイエンティスト**と呼ばれる数学・統計学に長けていて、かつビジネスリテラシーの高い人材が求められます。データサイエンティストには、機械学習、ディープ・ラーニング、テキスト・アナリティクスなどの分析手法に関する最新動向の把握し、ビジネス課題をデータ主導型の手法を用いて解決が求められます。

ユーザー企業は今後、データサイエンティストの育成に力を入れ、競合他社に負けない経営戦略を打ち出せるような人材を確保すべきでしょう。個人であれば数学や統計学のスキルを身につけておくと、今後のビッグデータ市場でデータサイエンティストとして活躍の場が広げられます。

モバイル

これまではパソコンがなければ、社内システムを使えませんでしたが、スマホやタブレットなどの**モバイルデバイス**の登場で、ネットがつながっていれば、いつでも・どこからでもシステムにアクセスできるようになりました。

モバイルデバイスの登場により、パソコンが使いづらい場所であった、

- 工場現場
- 外出先
- 休憩中
- 家

などでも、ERPシステムに手軽にアクセスすることができます。

SAPでもFiori（フィオーリ）（SAPの新しいユーザーインターフェース）を使うことにより、モバイルから次のようなことができます。

- 材料の注文
- 製造指図の確認
- 在庫移動実績の入力
- 会計伝票の転記
- 受注データの確認

モバイルを有効活用することにより、リアルタイムにデータ入力や参照ができ、作業の効率化が図れます。

私たちはスマホのある生活に慣れ、システムを使うのに目が肥えてきました。しかし、会社内のシステムでは、まだまだモバイルの活用ができていないのが実状です。これには理由があり、これまでの社内システム開発・保守のスキルとは別のモバイルシステムに特化したスキルの人材が必要なためです。

仕事の生産性を高めるには、今後モバイルの活用は必要不可欠です。すでにモバイル対応化の案件も増えてきていますが、SAP S/4HANA対応後は、より一層モバイル案件が増えると予想されるので、モバイルに関する知見をつけておくのも今後価値を出していく手段の１つになります。

また、会社の基幹業務データがいつでもどこでも見られるようになるということは、データ漏洩のリスクにもなりえます。スマホを電車でなくすことも起こりえますし、パブリックネットワークを使う場合は、そこから悪意のある攻撃者によって狙われる可能性もあります。そのため、モバイルの導入と合わせて、セキュリティ面の対策も必要になってきます。

5G

5Gは無線通信システムで、「高速大容量」「高信頼・低遅延通信」「多数同時接続」での通信ができるようになります。

5Gは、動画などの大容量データのやり取りや、IoTなどの同時接続が必要なシステムに必要不可欠なインフラ基盤です。5Gを使うことにより、次のようなことが可能になります。

- VRでの作業手順教育(高速大容量)
- ロボット、機械の遠隔操作(高信頼・低遅延通信)
- IoTなどの多数同時接続(多数同時接続)

5Gの特徴や、5Gを活用して実現できることを正しく理解することが、デジタル化の促進の重要ポイントとなります。

特にSAPとの関係で言うと、IoTやモバイルとの連携が挙げられます。多くのデバイスとSAPを接続し、データ収集・データ参照をするようになります。

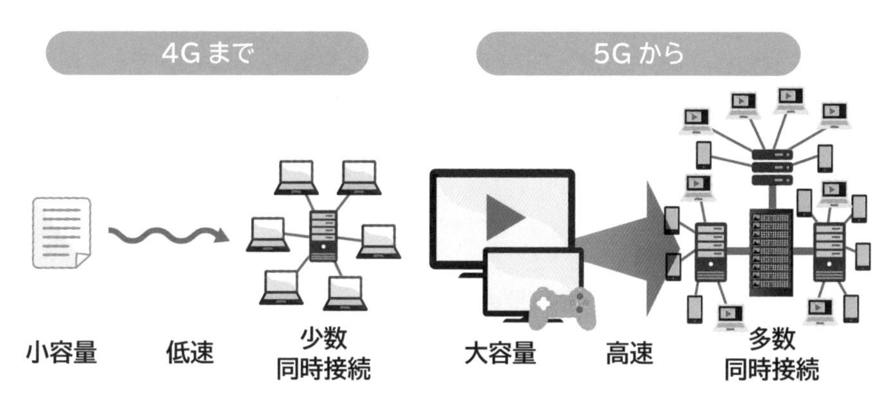

図8 4Gと5Gの違い

12-3 2027年から② SAP社の周辺システム

SAP社ERPの周辺システム

SAP社は、SAP S/4HANAをより有効活用するために、**周辺システム**を多数提供しています。近年では、SAP社はクラウドベンダーを買収し、ERPとの連携統合に力を入れています。

2021年現在は、SAP S/4HANA化の案件がほとんどですが、2027年以降は周辺システムを導入し、よりバリューのある基幹業務システムにしていく案件が増えてくると予想されます。どのような周辺システムをSAP社が提供しているかを知っておくことで、SAP S/4HANA化案件のスケジュール内に収まらなかった要件も、2027年以降の新規案件としてつなげることもできます。

ここでは、SAP社の提供している周辺システム製品で、日本国内でも事例が出てきている製品を7つ紹介します。

7つの製品と、SAPのモジュールとの関連を図にすると、次のようになります。黄色塗りのシステムが、SAP社が出している周辺システムです。

- Ariba(間接材購買)
- Fieldglass(契約社員・外注要員管理)
- IBP(SCM計画)
- SAP C/4HANA(CRM)
- Concur(経費・出張費精算)
- SuccessFactors(人材マネジメント)

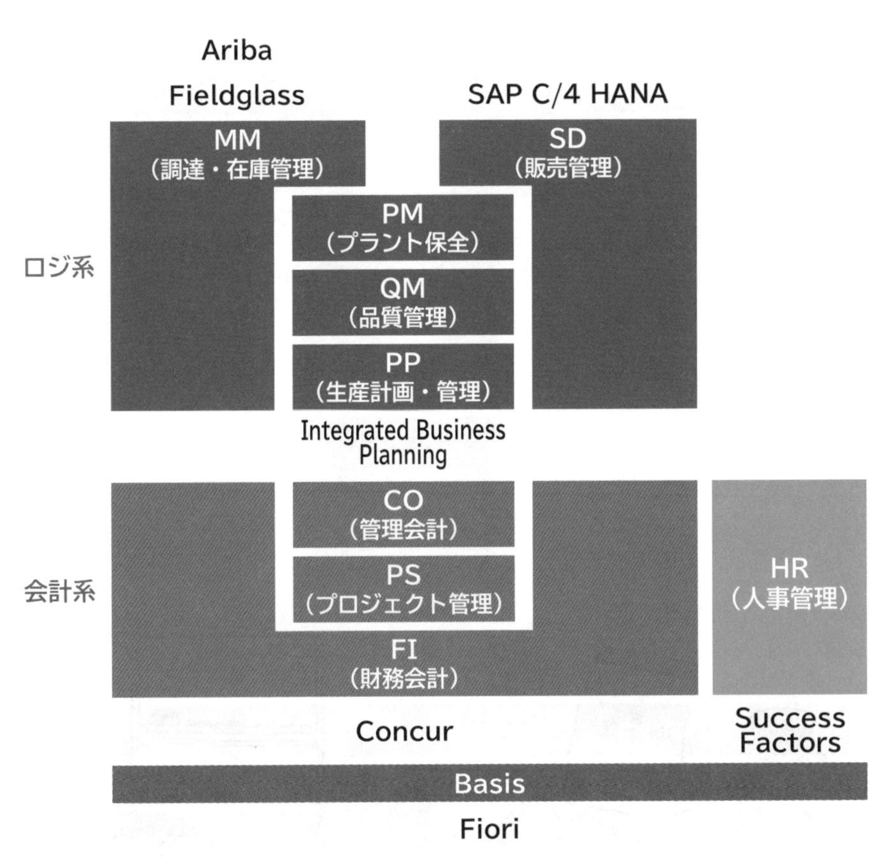

図9 SAPの周辺システム

Ariba

Ariba（アリバ）は、**間接材購買**のシステムです。

間接材とは、生産には直接関わらない調達品のことで、例えば、ダンボールやセロハンテープ、ボールペンなどの備品が挙げられます。SAP ERPの購買ならMM(調達・在庫管理)モジュールを使ったらいいんじゃない？ なんて疑問がわくと思います。

SAP ERPのMMモジュールは、直接材購買をメインに扱います。直接材とは生産に使われる材料のことで、調達部門がメインで管理しており、購買プロセスが統一されており、仕入先との交渉を得意とするメンバーで構成されています。
一方、Aribaでは、間接材を扱います。間接材は、総務部や経理部など、間接部門が扱うことが多く、仕入プロセスも統一されていないことが多く、調達の専門知識を持ったメンバーも少ないのが現実です。
Aribaではそういった間接材購買をメインに扱い、仕入先との調整、調達プロセス、調達評価を簡易的に管理できるシステムです。Aribaは、いわば**SRM**(Supplier Relationship Management)システムの一面を持ち合わせています。
Aribaによって、

- 仕入先との交渉、見積、契約
- 契約情報(カタログ)に基づく発注、承認、検収
- 調達実績の分析やレポートから新たな調達戦略の立案

といった仕入先との連携を強化し、調達業務のPDCAサイクルを回せます。

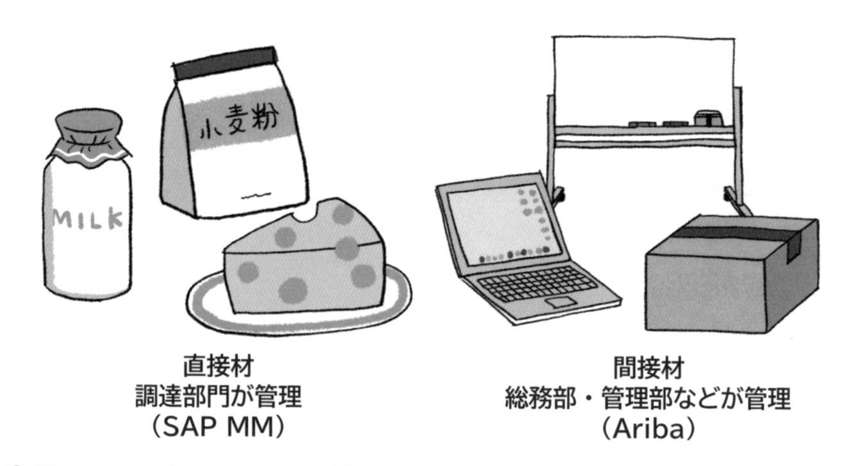

図10 MMモジュールとAribaの違い

また、Ariba Networkというネットワーク機能がAriba最大の特徴で、Ariba Networkには全世界で300万社以上の仕入先が登録されています。Ariba Networkに登録することで、300万社から自社の間接材仕入れに適した仕入先を見つけることができるのです。

これまで取引のあった間接材仕入先以外にも、Ariba Network内から高品質で安価な仕入先を見つけることも可能になります。

Fieldglass

Fieldglass（フィールドグラス）は、**契約社員・外注要員管理**のシステムです。

要員調達の分野は、これまでSAP外で管理されていることが多く、管理が煩雑な部分が多い領域でしたが、Fieldglassの登場により、契約社員、外注要員の管理がシステムでできるようになりました。

Fieldglassを使って、

- 募集情報の公開
- 派遣企業や外注企業へ見積依頼、条件交渉
- 候補者の比較
- 派遣要員、外注の発注
- 派遣企業、外注企業からのタイムシートや進捗の報告
- 作業検収、請求支払い

といったことが自社、派遣企業/外注企業の間でシームレスにできるようになります。

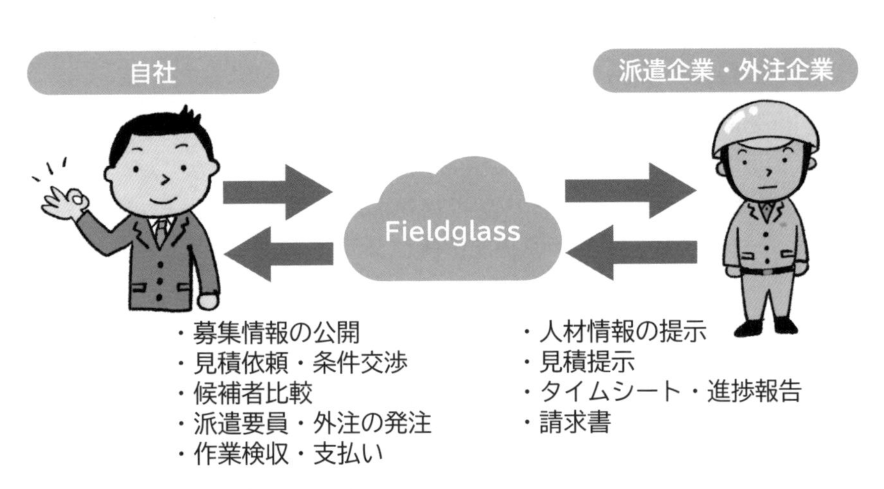

図11 Fieldglassの使用イメージ

IBP

IBP(Integrated Business Planning)は、**販売事業計画を中心としたSCM計画**のためのシステムです。簡単にいうと、**ロジ領域**(SD、MM、PP)のための計画システムです。

IBPには、次の5つの機能があります。

- 販売事業計画
- 需要予測、需要計画
- 在庫最適化
- 供給計画、製品割当計画
- サプライチェーンコントロールタワー

Supply Chain Control Tower アラート・モニタリング機能、レポート機能		
Sales&Operations 需要予測、販売計画、在庫をもとにした販売事業計画		
Demand 販売需要予測	**Inventory** 在庫最適化	**Response&Supply** 在庫割当計画 供給計画

図12 IBPの機能群

IBPでは、販売、生産、調達までのSCM領域の計画をEnd to Endで可視化ができるツールです。SAPの計画機能(PP)はグラフィカルでなく、ほかの生産計画システムと比べ、これまではイケていないという評判でしたが、IBPの登場により、グラフィカルに計画情報を照会できるようになりました。

また、Excelのアドイン(分析ツール、ソルバーアドインなど)と連携が可能で、使い慣れたExcel上でデータ入力・表示ができ、ユーザーにとっても使い勝手の良いシステムです。

計画系のシステムは、プロセスの前後関係や必要品目とのマスタ設定が非常に重要であるため、綿密なマスタ設定の必要性から計画機能を十分に使いこなせないことが、これまでよくありました。しかし、IBPでは計画機能に機械学習アルゴリズムが組み込まれており、今後は状況に合わせた自動計画というのが、徐々に実現していくことと思われます。

SAP C/4HANA

SAP C/4HANA(シーフォーハナ)は、**CRM**(Customer Relationship Management)のためのシステムです。これまではSAP CRMというシステムがありましたが、HANAの登場により、C/4HANAに置き換わりました。

SAP C/4HANAには、次の5つの機能があります。

- マーケティング
- セールス
- コマース
- サービス
- カスタマーデータ

SAP C/4HANAは、顧客に販売アプローチするためのマーケティング、セールスだけでなく、販売後のサービス(アフターケア)の領域もサポートしています。顧客に販売して終わりではなく、販売後も長期的に顧客と関係性を構築できるようなシステムです。

また、SAP C/4HANAという名前のとおり、データベースがSAP HANA上で動くシステムとなっていて、SAP HANAの高速データ処理、リアルタイムデータ分析のメリットも享受できるようになっています。

SAP C/4HANAは、CRMシステムということもあり、SAP S/4HANAのSD(販売管理)モジュールとの関連が強いシステムです。SAP S/4HANAのSDモジュールとSAP C/4HANAの機能配置は、次のようになっています。

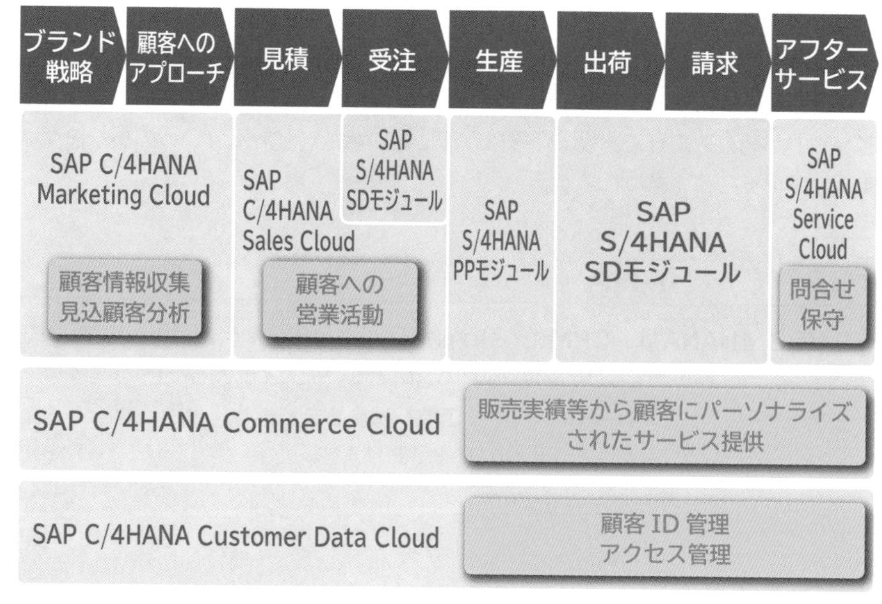

図13 SAP C/4HANAとSDモジュールの機能配置

SAP C/4HANAの業務間のつながりは、次のようになっています。

1「マーケティング」により、ネット、イベント、電話、訪問などのチャネルから顧客情報の収集をし、見込顧客の分析をします。
2 その後、「セールス」により顧客への営業活動をし、受注につなげます。
3 販売後は、「アフターサービス」によって顧客へのフォローをし、問い合わせ対応、保守対応をします。
4「コマース」では、顧客の情報管理、販売実績から、顧客にパーソナライズされたサービスを提供するのに役立てます。
5「カスタマーデータ」では、顧客のID管理、アクセス管理など、SAP C/4HANAの土台となる機能が含まれています。

SAP C/4HANAを活用することにより、SAP S/4HANAではカバーしきれない、受注よりも前のマーケティングやセールス活動や、販売後のアフターサービスをカバーすることできます。

今後は販売強化のため、より一層カスタマーエクスペリエンスが重要視されてくるため、SAP C/4HANAをSAP S/4HANAと連携させ、活用する企業が増えてくると想定されます。

Concur

Concur（コンカー）は、**経費・出張費精算**のためのシステムです。

みなさんの会社でも経費や出張旅費などは、領収書をベースに提出したり、上司の承認が必要だったりなど、手作業が多いと思います。そのような経費処理の手間を、Concurでは領収書をスマホで撮影してアップロードすることで、経費申請をすることができます。

また、申請、承認、決済、支払いまでを自動化し、一元管理することができるため、これまで各社員が手作業でしていた経費精算作業の工数を大幅に削減することが見込めます。そして、ConcurとSAP S/4HANAを連携させることにより、Concurで経費や出張費の支払いがされたデータは、SAP S/4HANAに会計伝票データとして登録されます。

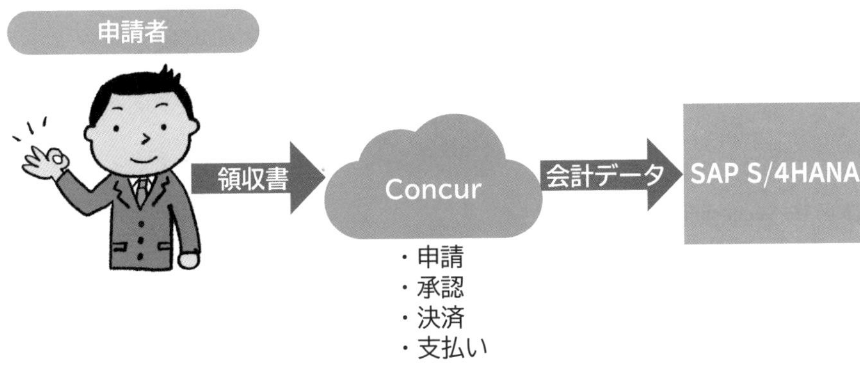

図14 ConcurとFIモジュールの連携イメージ

SAP周辺システムの中で、日本国内で多くの導入事例があるのがConcurです。日本ではまだまだ紙文化が残っているため、Concurによる領収書をベースにした経費精算、およびSAP FIへの連携機能が日本のユーザー企業にウケている理由の1つです。

SuccessFactors

SuccessFactors（サクセスファクター）は、**人材マネジメント**のためのシステムです。SAP ERPにもHR(人事管理)モジュールがありますが、SuccessFactorsは、人材管理に特化したシステムです。

SuccessFactorsは、次のような業務機能を保持しています。

- 人材採用
- 人材開発・育成
- 人材配置
- 人事評価

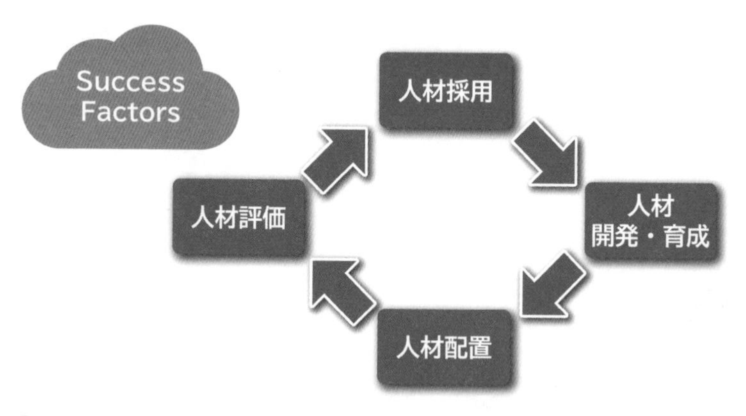

図15 SuccessFactorsの機能群

これまでは、社内の人材にどのような人がいて、その人がどのようなスキルを持ち、どのような経験や実績を積んできたのかがシステム上で分からない状態でした。

しかし、SuccessFactorsを導入することにより、**社内人材の見える化**ができ、ポジションごとの給与、パフォーマンス、評価など、人事分析によって、今後の適切な人材配置につなげることができるようになります。

Fiori

Fiori（フィオーリ）は、SAPの新しい**ユーザーインターフェース**です。

これまではデスクトップPC専用ツールであるSAP GUIからSAPの操作をしてきました。しかし、SAP GUIは機能中心の画面設計であったため、ユーザーが使い慣れるまでに時間がかかっていました。

Fioriは、ユーザーの使い勝手の良い画面設計になっており、しかもデスクトップPCのみならず、モバイルからもSAPの操作ができるため、モバイルに慣れた世代にとって直感的にシステムを使えるようになっています。

また、FioriはHTMLやCSS、JavaScriptで作られているため、Webデザインができる人であれば誰でも画面開発が可能であり、画面開発のハードルが下がったことも特徴の1つです。SAP社から機能ごとにFiori画面のテンプレートが用意されており、年々、テンプレート数も増えてきています。

2021年現在、まだまだSAP GUIのレスポンスタイムの方が速く、Fioriの導入をしていない企業も多いのですが、これからはユーザー受けの良いFioriを使う企業が増えてくると想定されるので、Fioriの知識をつけておくことをおススメします。

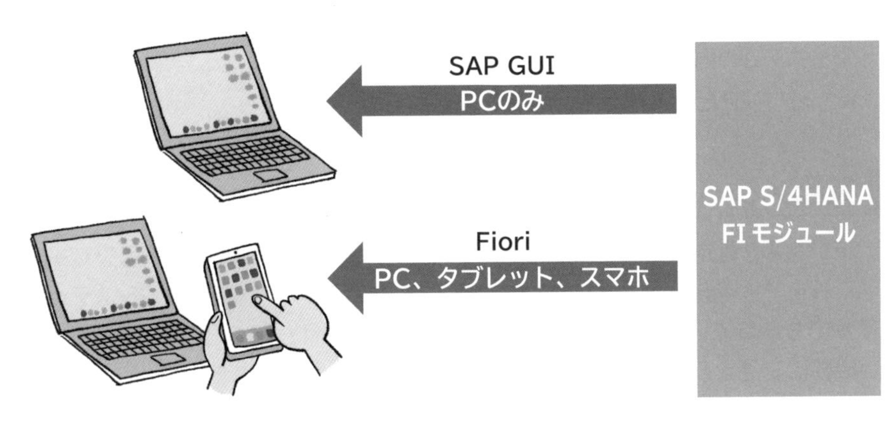

図16 FioriとSAPGUIの違い

12-4 2027年から③ ユーザー企業のデジタル化推進

デジタル化推進に必要な３つのこと

最近では、書籍やネットで**デジタル化**の文字を見ることが多くなりました。

また、政府でもデジタル化推進本部が立ち上げられ、日本を上げてデジタル化を推進していこうという流れになっています。

デジタル化をし、会社のあらゆるデータをシステムで参照でき、データ活用し、スピーディーな経営判断をしていくことは、今後世界の競合他社と戦っていくには必要なことです。

そのため、ユーザー企業は、下記の３つのことをしていくことが重要です。

- 業務メンバーのITリテラシー向上
- システムの内製化
- SAP ERPとの連携

業務メンバーのITリテラシー向上

デジタルを推進していくには、業務ユーザーのITへの理解が必要不可欠です。

これまでは業務ユーザーが要件をITベンダーに伝えて、“なんとか”システムを作ってもらっていましたが、デジタルを推進するには、「システムを導入しやすい業務に変更すること」が求められます。

これまでのように業務の部分最適が進み、人が個別に判断するような例外処理ばかりでは、システム導入の難易度は格段に上がってしまいます。

IoTにしろ、AIにしろ、ビッグデータ分析にしろ、システムを導入して終わりではなく、導入後も業務とシステムの改善を繰り返し、より良くしていく活動が必要です。

デジタル化の目的は、「システムを入れて業務が楽になる」ではなく、「システムを入れて会社を強くする」ことです。

会社を強くするとは、顧客ニーズ・製品/サービス情報・財務情報などの正しくリアルタイムな情報から、経営戦略を立て、業務・組織・企業文化・風土を変革し、競争優位になることです(もちろんデジタル化をして生産効率を上げ、工数削減の結果、業務が楽になることもありますが、現行のマニュアル業務をシステムに置き換えることがデジタル化ではありません)。

そのため、デジタル化にはどのような業務にすればシステム導入がしやすくなり、業務・システムの改善PDCAサイクルが回しやすくなるか、ということを念頭にデジタルシステムを導入していく必要があります。そのため、業務ユーザーのITリテラシーを向上させ、ITメンバーと一緒にシステム導入について検討していくことが求められます。

システムの内製化

システムの内製化とは、ITベンダーにシステムの開発・保守を依頼するのではなく、自社でシステムを開発・保守をすることです。

近年では外部環境の変化や、IT技術の進歩が目まぐるしいので、デジタルシステムはこれまで以上に、PDCAサイクルを速く回し、改善を繰り返すことが重要だと言われています。

そのためには、社外のITベンダーよりも社内の業務に精通したIT社員の方が、業務メンバーとスムーズにコミュニケーションが図れ、業務・ITの双方向からPDCAを回しやすくなります。

ITベンダーであれば、まず自社の業務をITベンダーに理解してもらうところからがスタートになり、スピード感が出ません。また、予算取りや契約をする必要もあるため、システム化したいときに、できないことも起きえます。SAPの導入であれば、SAPの専門家であるSAPベンダーに依頼しなければ、導入は難しいです。

しかし、デジタル(IoTやAIやビッグデータ分析)は、「今後増えてくるデジタル案件」のところでもお話した通り、SAPのようにシステムの決められた形はなく、デジタルツールの使い方次第なので、自社に精通する社内メンバーのみでどのようなデジタルツールを導入するか、そして導入した後にどう改善していくかのPDCAを回せた方がベターです。

それゆえ、自社の

- IT要員の増員
- IT要員の育成

といった2つのことを、ユーザー企業はこれから力を入れていくことが重要になってきます。

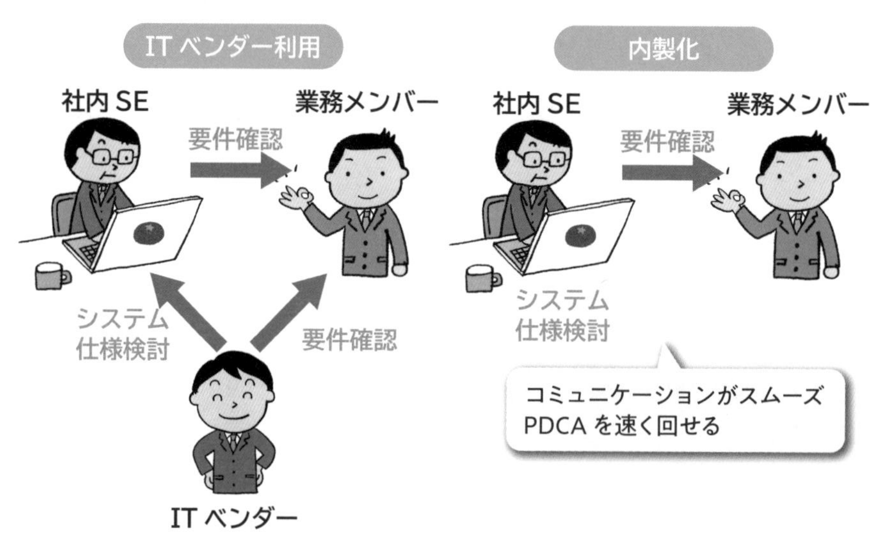

図17 ITベンダー利用と内製化の違い

SAP ERPとの連携

会社の基幹業務システムの中心は、ERPです。ERPには会社データのすべてが集まってきます。そのため、個別にデジタルシステムを導入するのではなく、ERP(会社データ)とどう連携させるかを考えることが重要です。

例えば、IoTであれば、モノに位置情報を持てるICタグを貼り、リアルタイムに在庫場所をERPに連携することで、在庫管理の精度を上げることができます。

ビッグデータ分析であれば、ERPにある顧客・売上・製品データを使って、相関のあるデータを見つけ出すことができます。ERPにデータを連携したり、ERP

にあるデータを活用することで、SAP ERPとデジタルシステムの相乗効果が発揮されます。

それゆえ、デジタル案件を立ち上げる際には、単独でデジタルシステムを導入するのではなく、ERPとどう連携させていくかを検討することが重要です。

そして、どう連携させるかを検討するためには、ユーザー企業のメンバーもSAP ERPにはどのようなデータが入っているのか、どのようなデータが活用できそうなのかを理解しておくことで、デジタルシステムをより効果的に使いこなすことができます。

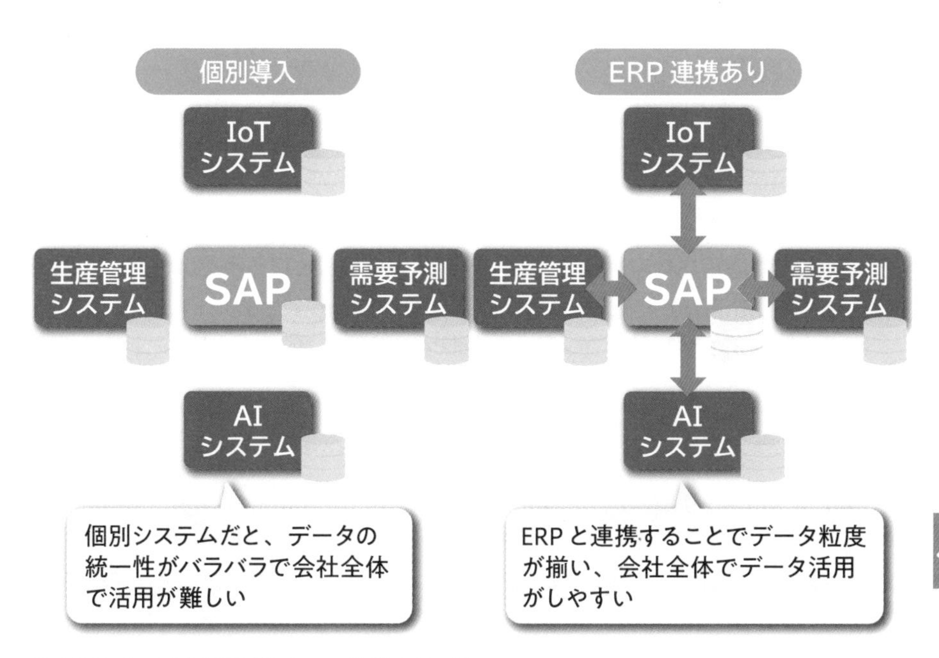

図18 システム個別導入とERP連携ありの違い

12-5 2027年から④ SAPコンサル・SAPエンジニアのポジション取り

今後、視野に入れるべきキャリアポジション

2027年以降は、おそらくSAP関連の案件が減少するのではないかと推測されます(減少するとは言っても、SAP S/4HANAの保守や、2030年までに延長サポートをしている企業のSAP S/4HANA化案件は継続的にあるかと思います)。

そして、SAP案件に引き続き携われないSAPコンサルやSAPエンジニアも出てくることが想定されます。そのため、SAP以外のことにも手を広げていける準備をしておいた方が、いざというときに役立ちます。

では、どのようなポジションを取っておくべきでしょうか？　SAPコンサルの経験が活きるポジションは、次の4つがあります。

❶業務コンサル
❷デジタルコンサル・デジタルエンジニア
❸社内SE
❹SAPコンサル・SAPエンジニア

ポジション❶ 業務コンサル

業務コンサルの仕事は、会社の目標(生産性○○%アップ、コスト○○%削減など)を達成するために、現状業務プロセスの分析をし、業務改革のための新しい業務プロセスの検討・提案をすることです。

SAPに携わっていれば、それぞれのモジュールの業務に精通してきます。SAPは、グローバルスタンダードのERPであるため、SAPに携わることで世界標準の業務プロセスが叩き込まれます。いろんなプロジェクトでさまざまな会社の業

務をSAP(グローバルスタンダード)に合わせてきた経験は、業務コンサルとして十分に通用するスキルを身につけていると言えます。
　また、一昔前とは違い、今の時代の業務改革はITありきになっています。SAPの経験を通して、ITシステムに精通しているため、即戦力で業務コンサルとして活躍できます。

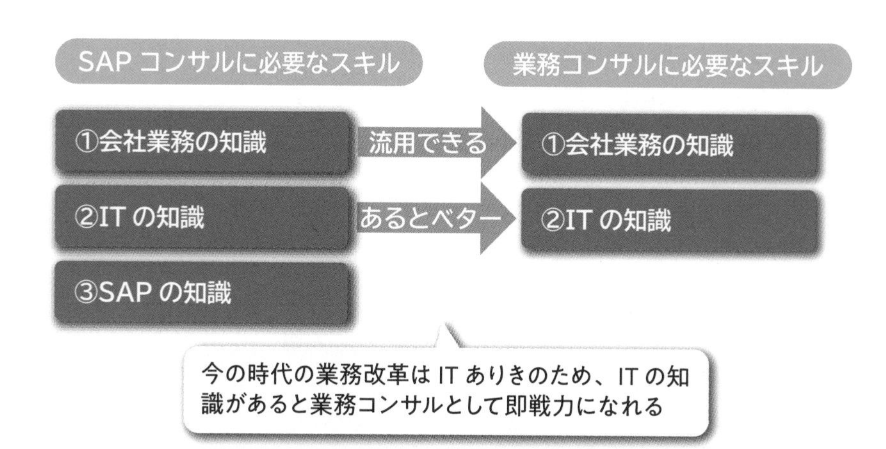

図19 SAPコンサルから業務コンサル転身時に流用できるスキル

ポジション❷ デジタルコンサル・デジタルエンジニア

　SAP S/4HANAバージョンアップにより、会社の基幹業務システムの土台が整います。各企業はデジタル領域に力を入れ、基幹業務システムの付加価値を上げていき、グローバルな競争力を高めていくでしょう。
　そこでニーズが高まってくるのが、デジタルコンサル・デジタルエンジニアです。デジタルと言っても、IoT、AI、ビッグデータ、モバイルなど、使う技術によって必要なスキルは異なります。
　しかし、SAPプロジェクトを通じて、IT知識・ITスキルを身につけていれば、ゼロからITを学ぶわけではないので、そこまでキャリアチェンジのハードルが高いわけではありません。デジタルエンジニアであれば、1つの技術にポジションを取ることをおススメします。デジタル技術ごとに、設計ノウハウや開発ノウハウが異なるためです。
　しかし、デジタルコンサルであれば、より多くのデジタル技術について知っておき、SAPのモジュールで経験のある業務領域のデジタルコンサルを目指す方が良いでしょう。

例えば、SDモジュール経験者であれば、販売領域のデジタルコンサルを目指すのがよいでしょう。販売領域では、

- IoTによるICタグの読み取りで自動精算
- AIによる顧客の嗜好を販売実績から自動提案
- ビッグデータによる販売実績と自社製品の多次元分析
- モバイルによるユーザーチャネルの強化

といったことができます。

販売と一口に言っても、業務をデジタル化するには、さまざまなアプローチがあります。そのため、コンサルとしてデジタルの引き出しが多いほど、クライアントの要望を実現することができるので、デジタル技術については幅広く知っておくほうが良いでしょう。

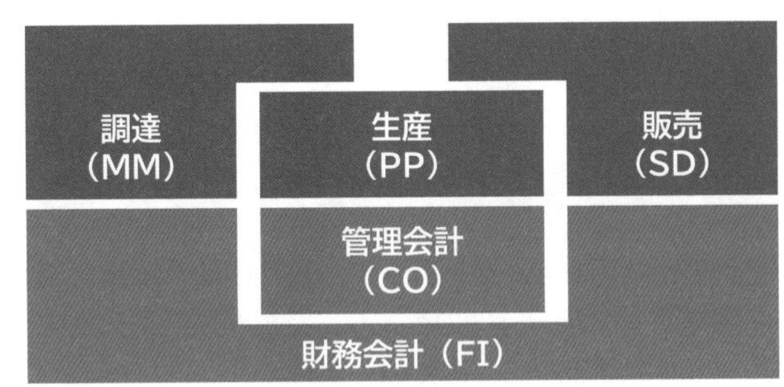

関連するデジタル技術を把握しておくことがベター

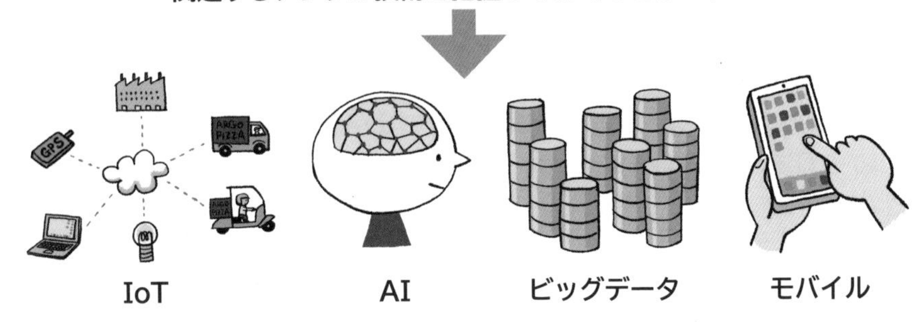

図20 SAPとデジタルの関連

ポジション❸ 社内SE

社内SEは、ユーザー企業の情報システム部門のことです。社内SEになると、ERPのみならず、グループウェアやファイル管理、個別業務システム、RPA、インフラ、ネットワークなど、会社全体のシステムを扱います。

ただ、いろんなシステムを知る必要があるとはいえ、会社業務の中心になるのはERPシステムです。SAP ERPの経験から、ERPの活用方法、ERPと周辺システムの連携は活かせるスキルになります。また、1つの会社に特化することで、IT人材として幅広いシステムを経験でき、ITの側面から、1つの会社の成長に貢献できることが社内SEの醍醐味です。

SAP S/4HANAバージョンアップ後は、デジタル化案件が増え、デジタルシステムの内製化のニーズも高まってくると想定されます。そのため、会社全体のシステムを扱える社内SEになるのも良い選択肢の1つです。

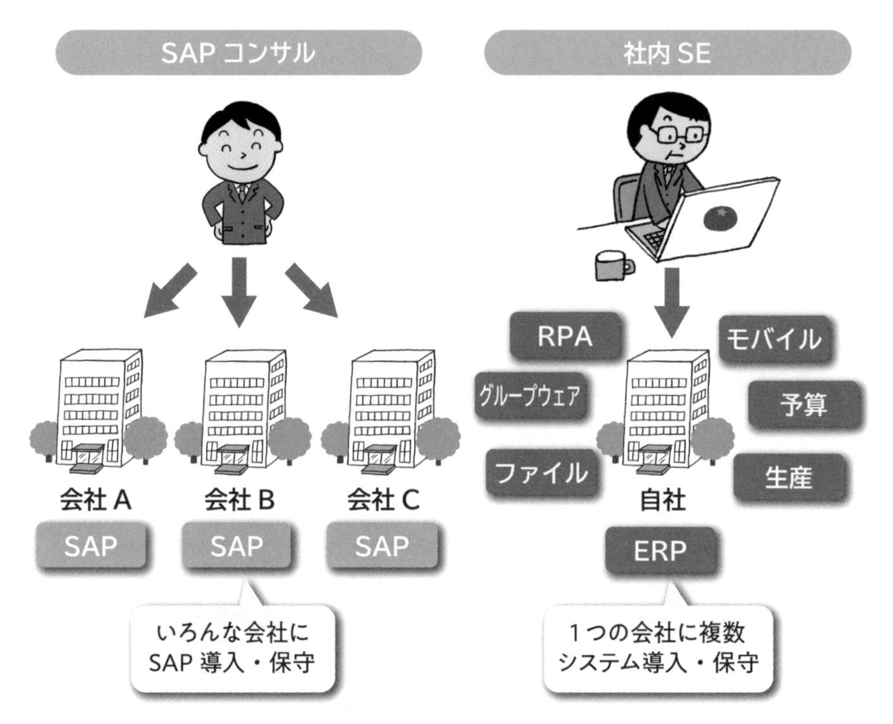

図21 SAPコンサルと社内SEの働き方の違い

ポジション❹ SAPコンサル・SAPエンジニア

SAPコンサル・SAPエンジニアとして、そのまま残るのも1つの選択肢です。

2027年以降、SAPの案件が減るとはいえ、SAP S/4HANAの保守案件や2030年までに延長サポートしている会社のSAP S/4HANAバージョンアップ案件は、まだまだある状態です。

また、SAP S/4HANAのサポートは2040年頃までと言われています。今回のSAP ECC6.0からSAP S/4HANAへのバージョンアップ案件は、2017～2018年ごろから活況になってきました。SAP ECC6.0は当初、2025年までのサポートと言われていたため、サポート切れの7～8年前から案件が活況になりました。

SAP ECC6.0と同様に、SAP S/4HANAも2040年のサポート切れの7～8年前くらいから次バージョンへの移行案件が活況になってくると考えると、今度は2032年～2033年頃から、SAP S/4HANAのサポート切れ対応案件が増えると想定されます。

2027年～2032年までは5～6年しかないため、SAPコンサル・SAPエンジニアからキャリアチェンジするよりも、残って「2040年問題」に向けてSAPのスキルやノウハウを伸ばすのも1つの選択肢です。

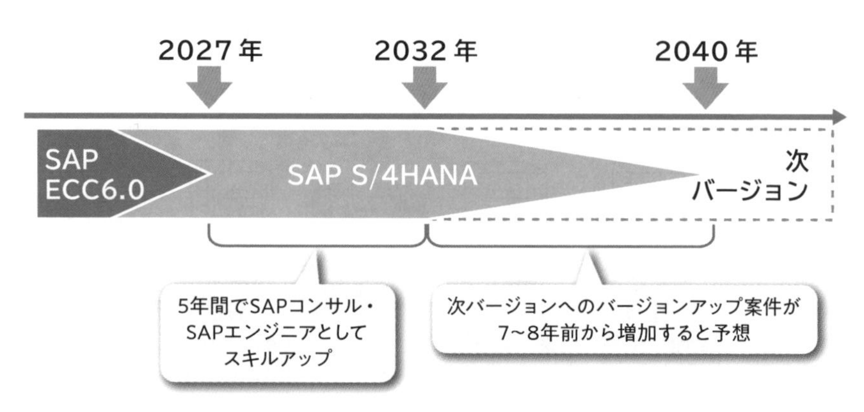

▲ 図22 SAP S/4HANAサポート切れの2040年に向けてのキャリア考察

おわりに

最後まで、本書『世界一わかりやすいSAPの教科書 入門編』を読んでいただき、ありがとうございます。宅配ピザ屋の業務を通して、会社業務のこと、SAPのことを少しは理解いただけたのではないかと思います。

これまではネットや書籍で、SAPの情報を見つけにくいことが多く、情報があったとしても専門用語ばかりで分からないということが多くありました。私もSAPのスキルアップをしたくても、どうやって自己学習でスキルアップすればいいのか悩んだ人のうちの一人です。

そんな悩める人が、本書を通してSAPについて少しでも理解を深めていただけたら嬉しいです。

本書では、SAPの入門編として、概要レベルのことをお話してきました。SAPをやってきた人や、会社業務に精通している方にとっては、少し物足りなかったと思います。

また初めての人にとっても、自分たちの会社や案件のケースに照らし合わせて、こんな機能はないか、こういう業務の場合はどうするのか、といった疑問も持ったかと思います。

本文中でもお話ししていますが、SAPへの理解を深めるには、次の3つの知識が必要です。

❶会社業務の知識

❷SAPの知識

❸ITの知識

特に重要なのが、❶の「会社業務の知識」、❷の「SAPの知識」です(❸の「ITの知識」は幅広いため、必要になった都度、学習するのがベストです)。

❶の「会社業務の知識」は、SAPプロジェクトを数多くこなすことで自然と身についてくる知識です。同じ業種でも、会社内の業務や仕組みは異なるので、プロジェクトを通して、多くの会社と触れることが重要です。

❷の「SAPの知識」については、SAPの機能と使いどころを1つ1つを知って

いく必要があります。SAPは多業種・多企業にマッチするために作られたシステムなので、モジュールごとに備わっている標準機能も豊富です。SAPの標準機能、使いどころ、事例を機能ごとに紹介するには、本1冊にまとめられるほど、情報が膨大で簡単なシステムではないのです。

とはいえ、もっと手軽にSAPのことを深く学べる方法がないものでしょうか？

そんな方のために、私の運営する「とくとくSAPコンサル」（https://tokulog.org/）というブログでは、SAPの情報を随時発信しています。本書には書ききれなかったSAPの細かい機能や業務プロセスを記事にして、解説しています。もっとSAPのことを知りたい方は、ぜひブログの記事も読んでみてください。

今、SAP業界は、SAP S/4HANAバージョンアップ案件で活況です。若手や会社業務・ITに精通した中堅の方であれば、SAP業界に参入しやすい状況です。

SAPは世界一のERPシステムで、SAPを勉強することで世界標準の業務知識が身につきます。また、会社の基幹業務システム全体を考えると周辺のデジタルシステムにも携われます。SAPコンサルやSAPエンジニアを経験することは、市場的に付加価値が高くなります。今後のキャリアを考えると、非常にメリットのあるキャリアパスだと言えます。

本書や私のブログを通して、少しでも多くの方にSAPのことに興味を持っていただき、SAP業界に参入する人が増え、そしてSAPコンサルやSAPエンジニアのさらなるレベルアップし、業界全体がもっと盛り上がれば嬉しいなと思っております。

最後までお読みいただき、ありがとうございました。

とく

索引

か行

さ行

た行

な行

は行

ま行

や行

ら行

■著者紹介

とく

国公立文系大学から日系メーカーの情報子会社に新卒で入社。そこでSAP Basisや基幹システムリプレース企画案件を経験後、総合コンサル企業へ転職し、PP、MM、SD、CO、QMを経験。さらにSAP S/4HANAの国内6拠点同時展開、海外拠点展開などの案件に参画。2021年に独立し、SAPフリーランスとして活動を開始。ブログ「とくとくSAPコンサル SAPコンサルのためのスキルアップメディア」を運営し、SAPのノウハウのほか、スキルアップ・キャリアアップ情報を発信中。

Twitter @tkchn69
ブログ https://tokulog.org/

●カバーデザイン　成田 英夫(1839Design)
●カバー/本文イラスト　河合 美波

世界一わかりやすい SAPの教科書 入門編

発行日	2021年　8月 31日	第1版第1刷
	2023年　9月 11日	第1版第6刷

著　者　とく

発行者　斉藤　和邦
発行所　株式会社　秀和システム
〒135-0016
東京都江東区東陽2-4-2　新宮ビル2F
Tel 03-6264-3105（販売）　Fax 03-6264-3094
印刷所　三松堂印刷株式会社　Printed in Japan

ISBN978-4-7980-6519-9 C3055